Creative Thinking and Methods

创意思维与方法

Creative Thinking and Methods

主编 ◎ 聂辉　窦浩

华中科技大学出版社
http://press.hust.edu.cn
中国·武汉

内 容 提 要

《创意思维与方法》共分为五章,第一章为创意思维与方法概述,第二章为创意思维的类型,第三章为创意思维的方法,第四章为创意设计的表现,第五章为欣赏与分析。第五章通过案例分析,讲解创意思维在产品设计、视觉设计、空间设计、新媒体设计、服装设计五个领域的应用,具有一定的代表性。本书是一本以理论为基础,重视实践教学的创意思维训练教科书。

本书将知识点、课题作业与教学案例深度融合。在案例中引入知识点有助于提高学生的兴趣,使学生在实践中学习知识并解决实际问题,训练题目设置中难度由浅入深,同时将具体的实例与抽象的概念相结合,帮助学生灵活运用所学知识。此外,书中还融入了图形的拓展训练,全面提升学生的素养。

图书在版编目(CIP)数据

创意思维与方法 / 聂辉,窦浩主编. -- 武汉:华中科技大学出版社,2024.6. -- ISBN 978-7-5772-0983-8

Ⅰ.B804.4

中国国家版本馆CIP数据核字第2024M95N11号

创意思维与方法　　　　　　　　　　　　　　　　　　　　聂　辉　窦　浩　主编
Chuangyi Siwei yu Fangfa

策划编辑:王　乾
责任编辑:王　乾　阮晓琼
封面设计:原色设计
责任校对:刘小雨
责任监印:周治超
出版发行:华中科技大学出版社(中国•武汉)　　电　话:(027)81321913
　　　　武汉市东湖新技术开发区华工科技园　　　邮　编:430223
录　　排:孙雅丽
印　　刷:武汉科源印刷设计有限公司
开　　本:787mm×1092mm　1/16
印　　张:10.5
字　　数:230千字
版　　次:2024年6月第1版第1次印刷
定　　价:59.80元

本书若有印装质量问题,请向出版社营销中心调换
全国免费服务热线:400-6679-118　　竭诚为您服务
版权所有　侵权必究

前言
QIANYAN

习近平总书记在党的二十大报告中提出,"推进文化自信自强,铸就社会主义文化新辉煌"。在当今飞速发展的时代,创新已成为推动社会进步和经济繁荣的引擎。无论是科学研究、技术创新、商业运营,还是艺术创作、文化交流,创意思维与方法都发挥着极为关键的作用。

本书是一本具有教学改革意义和实际操作性强的实用图书。全书内容简洁明了,又不失系统全面,包括基本概念、功能类型、训练方法、表现训练、作品分析五大内容。在训练方法与表现训练的论述中,融入了作者多年来丰富的设计教学和实践经验,以理论联系实践为编写的基石,在实践性、应用性的教学视野下,全面深入地分析、总结和归纳了创意思维与方法的核心内容和设计要点。此外,本书增加了多类别设计专业的作品分析,尤其是第五章,通过案例分析阐释了创意思维在产品设计、视觉设计、空间设计、新媒体设计、服装设计五个领域的应用,具有一定的代表性。案例展示了学生们在日常课程实训中提交的设计作品,这些作品旨在帮助学生全面理解文化与设计之间的相互作用,探索文化、创意、思维与设计之间的深层联系。通过学习多种思考方法和图形创意方法,学生能够培养独立思考的能力和创意思维,同时树立创新意识和职业道德观念。此外,通过团队合作和任务分担,学生还能提升沟通技巧和团队协作能力。我们鼓励学生将关键的创意思维策略应用于课堂学习和其他活动中,为中华文化的繁荣和国家的创新发展贡献力量。同时,这些策略也将在学生未来的职业生涯中,为他们解决复杂设计问题提供宝贵的工具和方法。

本书将创意设计与制作实践相结合,并确保其具有一定的艺术价值、审美价值与实用价值。正如设计大师原研哉所说:"我们观看世界的视角与感受世界的方法有千万种,只要能下意识地将这些角度和感受方法运用到日常生活中,就是设计。"从发散思维的角度来看,设计师在日常设计作品中需要遵循一定的规范流程,包括市场调研、用户分析、头脑风暴、设计草稿、作品实现、用户反馈、产品修改等。在这众多的设计步骤中,我们需要大量的创意思维与设计反思。通过实践性的课题实训,学生可以掌握一些具体的、实用的创意方法,从而能更主动地进行设计。本书对于培养学生的应变反应、分析判断、综合思考、研究转化创造等能力,引导学生运用创意思维的方法,具有一定的指导意义。

  本书主编为桂林旅游学院聂辉、窦浩老师,副主编为唐希希、赵浦普老师,谢雨珂、沈川渝、唐仕闻老师参与了编写,桂林旅游学院工艺美术、环境设计、视觉传达设计、数字媒体艺术专业部分教师和学生为本书提供了教学素材,书中学生作业图片版权均归桂林旅游学院艺术设计学院所有。本书的章节安排遵循了由浅入深、由表及里的原则,旨在引导学生系统地理解和掌握知识和技能,实现了理论性与实践性的有机结合,具有显著的实用性和现实意义。这样的结构设计有助于学生在学习创意思维和方法时,能够充分释放他们的个性化的创意潜能,激发他们全方位、多层次的创新探索。此外,这种教学模式还体现了以人为本的设计理念,旨在充分发挥每个人的才能,让每个人的才能得到最大化利用。我们期望学生在阅读本书后,不仅能够获取专业知识,还能在设计思维方面获得深刻的感悟,并进行反思。本书也是一本启迪思维、激发创造力的指南,为艺术设计领域的学子提供了宝贵的学习资料。

  由于编者水平有限,书中可能存在不足之处,欢迎广大读者和有关专家、学者批评指正,在此表示衷心的感谢。

聂辉

2024 年 6 月

目录
MULU

第一章　创意思维与方法概述　/001

第一节　思维　/003
第二节　创意思维　/005
第三节　方法论　/006
第四节　设计方法论　/007
第五节　打破思维定式　/008
第六节　思维模式的运用　/008

第二章　创意思维的类型　/011

第一节　发散思维　/013
第二节　收敛思维　/016
第三节　理性思维　/019
第四节　感性思维　/022
第五节　联想思维　/026
第六节　想象思维　/031
第七节　逆向思维　/041
第八节　灵感思维　/046

第三章　创意思维的方法　　　　　　　　　　/056

第一节　联想刺激法　　　　　　　　　　/058

第二节　默写式头脑风暴法（635法）　　　/068

第三节　信息顿悟法　　　　　　　　　　/074

第四节　信息组合法　　　　　　　　　　/079

第五节　类比适合法　　　　　　　　　　/081

第六节　创意收集法　　　　　　　　　　/083

第七节　形态创意法　　　　　　　　　　/085

第四章　创意设计的表现　　　　　　　　　　/089

第一节　日常观察与记录　　　　　　　　/091

第二节　具象图形联想　　　　　　　　　/095

第三节　抽象图形联想　　　　　　　　　/101

第四节　同构图形训练　　　　　　　　　/105

第五节　共生图形训练　　　　　　　　　/109

第六节　地域图形拓展训练　　　　　　　/113

第五章　欣赏与分析　　　　　　　　　　　　/133

第一节　创意思维与产品设计　　　　　　/135

第二节　创意思维与视觉设计　　　　　　/141

第三节　创意思维与空间设计　　　　　　/147

第四节　创意思维与新媒体设计　　　　　/150

第五节　创意思维与服装设计　　　　　　/154

参考文献　　　　　　　　　　　　　　　　/157

第一章
创意思维与方法概述

本章概要

本章从什么是设计思维,什么是创意思维,思维的属性,以及如何通过方法论来打破思维定式进行概述,同时列举一些方式方法进行引导,使学生在创意思维的学习过程中,根据自身的思维特点灵活运用这些工具,进而掌握创意设计思维的特点。

学习目标

1. 知识目标:让学生对思维、创意设计思维的产生及运用的理论有系统全面的理解,并能够运用方法论掌握创意思维的运用方法,对设计创意的产生以及如何打破思维定式有更加清晰的认知,最终针对不同的设计问题运用相应的思维模式。

2. 能力目标:学生通过对本章的学习,基本把握思维模式运用的原则,能够不再受思维定式的影响去看待问题,而是会思考如何打破思维定式,产生创新思维,最终可以结合书中的知识和实际情况,针对不同的设计问题运用相应的思维模式。

3. 素养目标:培养学生全新的思维模式,提升创新思维能力、全面思考能力等。

知识导图

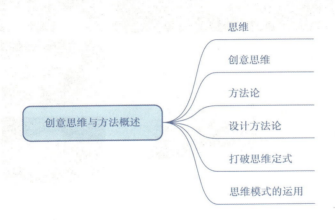

章节要点

思维的产生；创意思维的形成；思维的概念；如何打破思维定式；如何运用创意思维。

案例导入

本章案例以桂林旅游学院工艺美术专业金属工作室郭艳艳同学的毕业设计作品《桃夭》为导入。"桃之夭夭，灼灼其华。之子于归，宜其室家"，郭艳艳从《周南·桃夭》一诗中汲取灵感，确定作品以女性为出发点，同时受到知名女艺术家印萍老师的作品《女人如水》的启发，产生了"女人如水，为母则刚"的设计感想，决定运用水波的元素及坚硬的制作材料，以现代简约主义为理念，赋予作品形式、感情和艺术形态方面的新内涵，满足人们对简约美的追求。这套首饰不仅展现了女性的美好品质，更是一种艺术与情感的深度融合，设计巧妙、制作精良。

在进行命题构思时，郭艳艳运用创意思维将《诗经》中的诗句进行具象化处理，打破了传统固有的思维定式，并结合当代艺术家的文学作品，以水的亦柔亦刚暗喻女性坚韧高贵的品格。其设计作品一方面致敬传统文化，另一方面以形式美法则歌颂了女性的美好品德。创意思维就是从不同的角度思考问题，实现设计的目标和价值。

郭艳艳毕业设计作品《桃夭》

第一节 思　维

一、思维的概念

汉字中的"想"特指"思想"和"思维"。思维的使用广泛。要探索"思维"一词的深层含义,就需要去了解"思维"一词的定义。思维的第一个定义是凡是在脑海中思考或"一闪而过"的事情都可以称为思维;思维的第二个定义是我们没有直接看到、听到、感觉到的思想活动。

人是万物核心,人可以通过万物的外部现象辨认其本质,并认识到事物之间的内在联系。人是具有思想和思维的生物,思维是心理发展的最高阶段。尽管动物也具有心理活动,但是动物的心理发展处于初始阶段,并不能发现事物的内部联系。灵长类动物(猩猩、猴子等)有了思维的萌芽,能够认识到事物的外部联系,但还不能认识到事物的本质和事物之间的内在联系。只有人类才有思维,能够认识到事物的本质和事物之间的内在联系。

思考力是人在思维过程中产生的一种具有积极性和创造性的作用力,在生命活动中,人无时无刻不在思考。思考能力越强的人,想象能力、空间能力、延伸能力就越强。

想象能力:人在面对一个内容点的时候,由这个点所引发的其他内容的联想,联想的内容可能是与内容点有关的,也有可能是无关的。

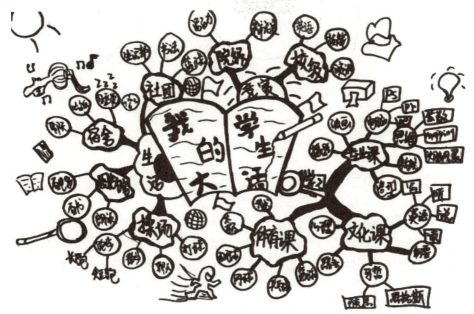

想象的展开能力:围绕一个点能产生很多概念性内容

空间能力：特指在三维的坐标尺度下所展开的想象能力。空间想象能力的强弱，直接反映宽、广尺度下的思维拓展能力。

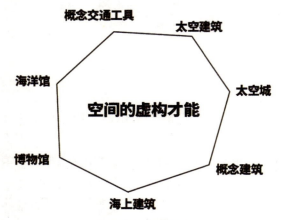

空间虚拟勾画能力

延伸能力：在思考的内容中繁衍和再生内容。例如在看电影的时候会延伸到自身经历的感觉和体验。

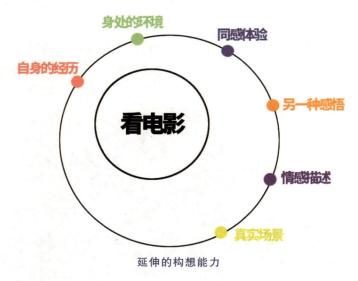

延伸的构想能力

二、思维的属性

1. 间接性

思维的间接性是指思维活动不直接作用于感官的事物，而是借助一定的中介和知识经验对客观事物进行间接的认识。思维的间接性特性使得人类超越感官经验的直接局限，触及那些未直接作用于我们感官的事物和属性，从而深入认识和理解事物的本质及其运行规律。例如，地质学家能够通过分析某地的岩石状况了解多年前当地的地貌。

2. 概括性

思维的概括性是指在大量感性材料的基础上,把一类事物共同的特征和规律抽取出来加以概括。一切科学的概念、定理和定律、法则都是人脑对客观事物的概括的反映,是思维概括的结果。思想的概括性反映的不只是个人或事物的个体属性,而是客观事物的一般特征和事物的内在联系。例如,依据根、茎、叶、果的相关特征,把枣树、苹果树、梨树等归为"果树"。

第二节 创意思维

一、创意思维——艺术设计的灵魂

艺术设计是通过一些手段,对人们的衣、食、住、行、生活环境及生活方式进行统筹设想与计划的过程。因此,艺术设计本质上是具有"创造力"特征的高级活动。

所有艺术活动均以"创造力"为核心,设计也不例外。创意思维是一种创造性的思想,创意过程是创造性的思考过程。所以,作为一名设计师,最重要的是要具有创造性的思想。在艺术设计过程中,没有创新等于在设计方面没有创造力。只有在良好的创造性思维方法的指导下,设计师才能更快、更精确地设计出出色的作品。

创意思维的运行模式是打破旧有格式,摒弃旧有规则,全面探究问题实质后产生新观念、新创意。创意潜能是人人可以拥有的思维能力,这需要我们掌握以下几个要素。

1. 冒险心理

人对于未知领域的探索与尝试是创意的孵化器,敢于打破舒适区且勇于冒险的设计师往往会更容易激发创意灵感。

2. 好奇心理

好奇心就是人们希望自己能了解更多事物的不满足心态,好奇心会让设计师发现生活中隐藏的惊喜,帮助其激发创意的潜能。

3. 挑战心理

只有打破旧有格式、摒弃传统规则,挑战现状而不墨守成规的设计师,才能有新的创造,把创意的才能发挥到极致。

4. 想象心理

想象是人脑反映客观现实的一种形式,它会突破时间和空间的束缚,任由灵感在脑中碰撞。

二、创意思维的特征

创意思维与常规思维之间有很大的差别。常规思维指在特定条件下、固定范围内,对之前学习掌握的知识进行复盘和检索,它具有一定的逻辑顺序,把以往的经验提取出来再次组合,是单线思考的过程,环环相扣,完全依赖于以往的知识积累。常规思维最本质的特点是寻求关联性,是一种求同思维。

创意思维并没有很强的方向性和具体的逻辑性,它的运作原理并不是线性的,而是不规则的,甚至是抽象并且违反常规的,理解并掌握它需要智慧。创意思维具有突发性、跳跃性、主观性的特点。

1. 突发性

灵感在设计活动中是昙花一现的,如电光石火般转瞬即逝,毫无征兆,突然出现又突然消失。当人们在设计过程中为某一个设计难题而绞尽脑汁、苦苦思索的时候,灵感也许会不经意地出现。灵感并不取决于人们的意识和情绪,甚至不能被预测。这就表示设计师应该在灵感出现的时候迅速捕捉,这也是创意思维突发性的魅力所在,永远无法预测下一刻的灵感将带来怎样的惊喜和震撼。

2. 跳跃性

创意思维没有固定的步骤,是跳跃发展的。创意思想与一般思想之间的区别在于其跳跃的本质。线性和连续性的普通思维都是规律的,人们可以通过分析其中的运行轨迹来进行预判,正是这种可预测性,给普通的思维带来了惯性。创意思维的跳跃是不规则的,它的跳跃没有固定的转向,也没有标准的范围。正是这种不规则的跳跃,确保了创造性思想不会受到惯性的影响,避免了固定模式的产生,从而使人们更容易创作出独特的作品。

3. 主观性

一个优秀的创意设计并非源自压迫,而是源于主观朴素情感中对美的追求与创造。只有在这样的基础上,才能展开更为深入的创作。这也表明,设计创新思维具有强烈的主观色彩,每个人在理解世界时都会受到自身认知差异的影响,主观性因此成为创新思维的一个显著特征。

第三节 方 法 论

一、方法与方法论

人们按自己的世界观理解并改造世界的途径与手段称为方法,方法是行为的总称,是经过一系列行动的行为过程,方法是获得知识的行为。

方法论是对方法的深入研究和总结,它构成了一个关于如何进行认识和实践活动的理论框架体系。它不仅仅关注方法的选择和应用,还更深入地探讨了方法背后的原理、逻辑和规律。方法论的核心是围绕着知识获取、问题解决和目标实现展开的,它涉及如何构建有效的思维模式,如何设计合理的研究方案,如何进行系统性的数据收集与分析,如何进行推理和论证等一系列问题。在方法论的范畴,人们不仅关注"怎样做"这个问题,还要关注"为什么这样做"及"这样做是否有效"的问题。方法论不局限于某一领域或学科,而是跨学科的、普适的。它关注各种领域、各种实践活动中通用的规范和原则,以此指导人们在不同情境下进行认知和行动。

二、方法与方法论的联系

方法论与方法是紧密联系的。认识论是传统意义上的方法论,因为马克思强调实践,所以实践论也是方法论的构成内容。随着当代价值哲学把价值加入方法论中,方法论得到了补充,具备了更加丰富的内涵,这让方法论具有了价值并且更加丰富。方法论是人们为了追求和实现一定的价值目标,而围绕着这个特定的对象所使用过的方法的理论上的总结。方法论包括两个主要内容,第一个特指方法的科学或研究,第二个特指在各个学科、领域中所运用的各式各样的方式方法。

第四节 设计方法论

学习方法论以后,在设计实践时将方法和理论进行系统性的总结,就是设计方法论。设计方法论的目的是对设计过程进行理论性的引导和推动。

设计方法直接决定解决问题的结果和解决问题的效率。设计方法的构成主要表现在四个方面:步骤、进程、结论、效应。设计方法的区别主要体现在内容的变化上,即反映在这四个方面内容结构上的变化。任何一个方面内容产生的变化,都表现出设计方法的变化。从制订计划开始到最后工作完成,设计方法通过具体选择和推进技巧始终贯穿工作中的每一个内容。所以,这四个方面的内容构成是设计方法的基本规律性构成。

解决问题是设计的核心所在,设计方法论就是解决问题的钥匙。成功的设计始于前期细致入微的调研工作,随后经过设计师的精湛加工与创作,最终转化为成品以展现其独特魅力。

设计方法论是把一个设计设想变为现实的理论体系,设计师的涉猎面广,需要了解调研设计对象,很好地把握设计的流程和步骤,并且去构思整个设计的框架,最主要还要整理在设计过程中所遇到的问题,努力寻求解决问题的突破口。

设计方法论是设计类学科的科学方法论,是对一般设计规律的总结。设计方法论在现代设计中的作用主要是提供设计思维方式和思维方法,引导设计师做出好的设计。

第五节　打破思维定式

法国生物学家贝尔纳说过:学习的最大障碍,并不是未知的东西,而是已知的东西。这也表明,设计很容易被思维定式影响。

在个体的成长过程中,我们会形成固定的认知结构和经验储备,这为我们对人和事物的初步认识和判断提供了基础。然而,这种固化的认知很容易导致固化思维的形成,使得设计师在设计过程中倾向于依赖灵感或内心的瞬间感受。这种做法可能会使设计师在设计时感到迷茫和困惑,难以对信息进行有效加工,从而缺乏创造性。由于固化思维的存在,设计师在处理设计任务时往往遵循常规的思考路径,依靠以往的经验来引导思维过程。这种依赖过往经验的做法可能会导致思维的僵化和阻塞,形成思维定式,从而难以实现创新。因此,设计师需要意识到这一点,并努力打破固有思维模式,以促进创新思维的发展和应用。

要打破传统思维定式,不能墨守成规,被思维定式束缚。第一,要有意识地养成摒弃传统思维定式的习惯,敢于大胆想象,勇于创新。第二,可以通过创意思维方法来训练创造性思维模式。创意思维方法种类繁多,是人们经过长期的社会实践,根据不同场合、不同对象、不同用途提出来的。对创意思维方法的使用者来说,可以根据个人情况的差异、对工具的适应与偏好的差异,选择创意思维方法进行创意思维方法训练,以获得最佳效果。第三,必须通过不断实践来熟练应用这些创意思维方法,以达到良好的创意思维方法训练效果。第四,创意源于生活、源于阅历,因此知识面的广度与深度非常重要,对自然界及社会生活的观察与积累是创意产生的基础。

第六节　思维模式的运用

一、如何运用思维模式

思维特指对问题的抽象性概括,在应对各种问题的时候需要设计师去了解问题产生的原因、发生的过程,并且去概括问题的特点。不同的思维模式会导致对问题的认知也不相同。思维的种类大体上有发散思维、收敛思维、理性思维、感性思维、联想思维、想象思维、逆向思维、灵感思维等。我们要学会根据问题的类型去寻找与之相匹配的思维模式。

在进行设计创意时,究竟使用哪种思维模式呢?一般来说,要交替使用逻辑思维与发散思维。逻辑思维是根据问题的因果关系进行推理式的创意思维,发散思维是为解决问题进行的创意思维。在不同的设计阶段,可以选用不同的创意思维方法。在获得大量创意之后,要对创意进行筛选,选取有价值的、可行的创意,还应对选用的创意进行深化完善,要根据不同阶段的需求,选用合适的创意思维方法。

在设计中,根据不同的设计元素选择不同的创意切入点。概念阶段有概念创意,考虑形态时有形态创意,还有功能创意、结构创意、材料创意、工艺创意、技术创意、交互创意等。

思维的运用是各不相同的,每种思维都有自己的优点或者缺点。对于不同的问题,设计师必须认真思考,针对问题选择合适的思维模式,从而获得正确的认知,使问题的解决获得效益最大化。

二、运用思维模式应把握的原则

1. 在生活中注意积累经验

艺术来源于生活,支撑艺术设计创造的是丰富的生活经验和社会阅历。那么如何在短期内获得丰富的社会阅历和生活经验呢?可以去品鉴大量的优秀作品,不论是文学领域的还是其他领域的,因为这些作品是艺术家或者作家自己的生活感悟和情感表达。设计师在不断地欣赏这些优秀作品的同时,可以快速地提升自身的艺术知识,提高修养和审美最终获得丰富的社会生活经验。

2. 多思考、多总结

艺术思维的核心是创新,创新需要设计师以长年积累的经验为基础来获得。创新是灵感的突然迸发,设计师要勤于思考、善于总结,善于汲取经验和理论的精华。

3. 具备挑战精神

要有挑战精神,首先要学会质疑,这样才能创造出全新的理念与方法。如果没有质疑,科学的发展就会停滞不前,艺术设计创造也是如此。如果没有问题提出,那么就没有新的观点和看法。设计师首先要敢于进行质疑,没有质疑就不会促成新思想的诞生。

4. 广开思路、综合运用

艺术思维最重要的是灵活多变。可以简单理解为在不断发展和运动中要不断变化思维方式,这需要设计师在设计创造的过程中从多重视角、多个层次去分析、解决问题,从而让作品具备多重感染力。

慎思笃行

第四届中国设计大展及公共艺术专题展(节选)

创意思维与方法

本章小结　思维是人脑活动的基本体现,是人类重要的认知活动;而创意思维是设计的灵魂与核心,拥有创意思维能够打破思维定式,在设计时推陈出新。我们需要在设计中合理运用思维模式,把握原则,最终掌握并学会运用创意思维。

 课后实训

思维的突发性、跳跃性、主观性分别是什么?为什么它们在创意思维中至关重要?

第二章
创意思维的类型

本章概要

本章主要对什么是创意思维,创意思维有哪些表现形式,以及对创意思维的不同表现形式如何选择不同的设计方法进行概述。同时,列举出部分优秀的创意思维作品,使学生在不同的情境中,可以根据自身的需要进行灵活选择和运用创意思维,以实现设计的目标和价值。

学习目标

1. 知识目标:使学生全面理解文化与设计的关系,以及文化、创意、思维、设计相关知识;掌握多种思考方法,包含发散思维、收敛思维、理性思维、感性思维、联想思维、想象思维、逆向思维、灵感思维等;掌握多种图形创意方法,并针对性选择创意思维与设计方法展开设计实践。

2. 能力目标:学生通过实践性的课题实训,掌握一些具体的、实用的创意方法,能更加积极地应对设计挑战,培养应变反应、分析判断、综合思考、研究转化创造等能力;引导学生用创意思维的方法,结合实际进行图形创意设计。

3. 素养目标:以创意思维为基础,提高审美为方向,实践应用为目标,培养学生拥有独立思想和创意思维,树立创新意识,遵守职业道德;通过团队合作、分担任务,锻炼学生的沟通技巧和团队协作精神;鼓励学生将某些重要的创意思维策略运用于课堂内外的活动中。

知识导图

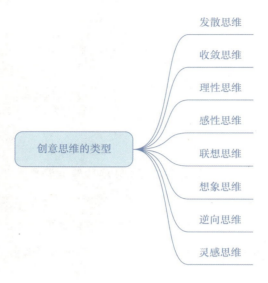

- 创意思维的类型
  - 发散思维
  - 收敛思维
  - 理性思维
  - 感性思维
  - 联想思维
  - 想象思维
  - 逆向思维
  - 灵感思维

章节要点

发散思维及其应用；收敛思维及其应用；理性思维及其应用；感性思维及其应用；联想思维及其应用；想象思维及其应用；逆向思维及其应用；灵感思维及其应用。

案例导入

本章案例以桂林旅游学院视觉传达设计专业黄西宝同学的毕业设计作品《广西非遗"炮龙节"视觉形象推广设计》为导入。广西的"炮龙节"作为国家级的非物质文化遗产，具有极强的旅游观赏性，并有大量互动环节。黄同学以丰富的炮龙节元素为基础，进行视觉形象推广设计，通过"炮龙节"期间的一系列活动，提取出"炮龙"过程中爆炸、分解等视觉元素，经过设计加工之后形成一系列设计图，并将之进行视觉形象设计，创造了一系列更加切合新时代年轻群体审美的"炮龙节"周边产品。这些周边产品推动了"炮龙节"旅游产业的宣传发展，为当地引流；响应乡村振兴政策，宣扬节日文化，激发了年轻群体对这一传统节日的兴趣，让年轻群体更加关注传统节日，缓解了当地炮龙节在年轻一代中的传承面临挑战的困境。

为了解决"炮龙节"视觉形象推广设计中遇到的问题，黄同学充分运用了创意思维中的发散思维、感性思维、联想思维、想象思维、逆向思维和灵感思维等多种类型的思维方式，将"炮龙节"的爆炸过程进行视觉可视化，作品既展现了强烈的民族特征，也表现出了转瞬即逝的美。正是运用从不同的角度思考问题的这种创意思维,并通过创新和综合的方式找到解决方案,黄同学才在不同的情境中,根据自身需要进行灵活选择和运用,实现设计的目标和价值。

黄西宝毕业设计作品《广西非遗"炮龙节"视觉形象推广设计》

第一节　发　散　思　维

一、什么是发散思维

发散思维是一种思维方式,与传统的线性思维不同,其核心在于产生大量的创意和寻求解决问题的多样化方法。发散思维的特点是不受限制地探索各种可能性,不拘泥于传统的思维模式和固定的思维框架。它注重开放性和多样性,鼓励自由表达和创新性的思考。在发散思维中,人们会尽可能地产生大量的想法,不管它们是否合理或符合实际情况。这样的思维方式可以帮助人们发现新的解决方案、创造新的理念和发现新的机会。这种思维在创意插画设计中有很多体现。

二、发散思维的主要表现形式

1. 产生大量的创意和想法

发散思维能够使人们产生大量的创意和想法,这些创意和想法可能是多样化和非传统的。人们在发散思维下不受限制地探索各种可能性,不拘泥于传统的思维模式,从而能够产生更多创新的想法。

2. 探索多种可能性

发散思维注重开放性和多样性，能够帮助人们从多个角度思考问题，探索多种可能性。人们在发散思维下不会固化思维框架，而是尽可能地考虑各种不同的选项和解决方案。

3. 追求自由和非约束性

发散思维倡导自由表达和非约束性，鼓励人们挣脱思维的限制和束缚。在发散思维下，人们可以尽情地发挥想象力，不管想法是否合理或切合实际。

4. 强调联想和关联性

发散思维是一种强调联想和关联性的思考方式。人们在发散思维下会尽可能地联想和联系不同的概念、观点和经验，从而创造出新的想法。

5. 不断拓展思维的边界

发散思维鼓励人们不断拓展思维的边界。人们在发散思维下会不断探索和挑战，寻找更深入的理解和更全面的解决方案。

总的来说，发散思维的主要表现形式是产生大量的创意和想法，探索多种可能性，追求自由和非约束性，强调联想和关联性，并不断拓展思维的边界。这些特点使得发散思维成为一种重要的思维方式，它可以使个体的创造力和解决问题能力得到提升。

以下作品是学生的发散思维练习。

圆形图形发散思维练习（赵张云）

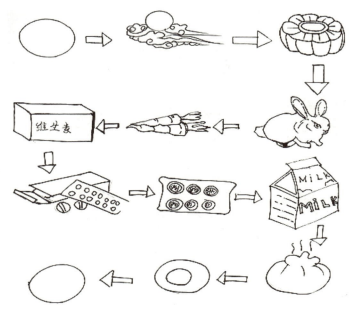

圆形图形发散思维练习（韦凤梅）

三、发散思维的应用案例

下图为国外一款皮卡车的平面广告，该作品以皮卡车产品为主体，展示了四个场景，分别为公路、沙地、草地、海边。利用客户自身的发散思维，激发客户的想象力，补全这款皮卡车在不同场景中的应用画面。例如客户看到"皮卡车＋沙地"场景时，可能会想到这辆车在路况较差的地段也会有沙地车般良好的适应性；看到"皮卡车＋草地"的场景时，可能会有驾车出游亲近大自然的畅快感；看到"皮卡车＋海边"的场景时，可能会想到这辆拥有大型轮毂的皮卡车在涉水路段上存在绝对优势；看到"皮卡车＋公路"场景时，可能会想到日常用车的便利性。该平面广告利用客户的发散思维，增加了广告与客户的互动性，在较短的时间展示了产品的多种功能，激发了客户的购买欲。

利用客户发散思维的国外优秀广告

以下学生作品是以"动物"为主题的发散思维练习。

以"动物"为主题的发散思维练习（黄晨菲）

以"动物"为主题的发散思维练习（刘小钰）

第二节 收敛思维

一、什么是收敛思维

收敛思维是指在面对问题、挑战或决策时，个体或团体倾向于寻求一致性、整合不同观点和利益的思维方式。它强调通过协商、妥协和统一的努力，以达成共同的目标和利益。

二、收敛思维的主要表现形式

1. 寻求共同点

收敛思维强调发现各方之间的共同利益、价值观和目标的重要性。通过收敛思维，个体或团体能够更好地理解对方的需求和期望，发现共同点，从而促进合作，达成共同的目标。

2. 整合不同观点

收敛思维注重将不同观点和意见整合到一个综合的框架中。个体或团体会尝试理解和接纳他人的观点，并通过对不同观点的分析和综合，找到一个能够综合各方利益的解决方案。

3. 强调和谐一致

收敛思维强调在决策和行动中追求和谐一致。个体或团体会努力通过协商、妥协和平衡确保各方的利益公平，并最终达成一致的决策。

4. 推动共同目标

收敛思维强调团队合作和共同目标的重要性。个体或团体会致力于推动共同目标的实现，通过共享信息、资源和自身努力，协同合作，以实现共同利益。

总体而言，收敛思维是一种积极的思维方式，鼓励沟通、合作与和谐。它强调寻求共同点，整合不同观点，和谐一致，推动共同目标，以实现一致和共赢的结果。

三、收敛思维的应用案例

下图展示了收敛思维在扫地机器人设计中的应用，为了实现机器自动扫地这一目标，设计师们从多个角度深入思考，最终促进了智能扫地机器人这一创新产品的问世。早在1996年，瑞典家电巨头、世界最大的商用电器生产商伊莱克斯制造了世界第一台量产型扫地机器人"三叶虫"，但因其反应速度较慢、无法深入清洁家具底部且价格昂贵，这款产品最终未能在市场上取得显著成功，逐渐淡出了市场。21世纪初，全球扫地机器人市场的领军者是美国的iRobot，无论是技术实力还是市场占有率都远远领先其他品牌。目前，随着我国的经济实力稳步上升，扫地机器人产品也走进了千家万户，科沃斯等国内品牌通过不断创新和提高技术水平，已经在全球市场上占据了重要的地位。

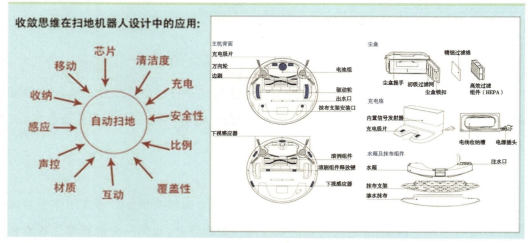

收敛思维在扫地机器人设计中的应用

下面两张图分别展现了收敛思维案例分析和收敛思维导图。

收敛思维案例分析（红砖美术馆）

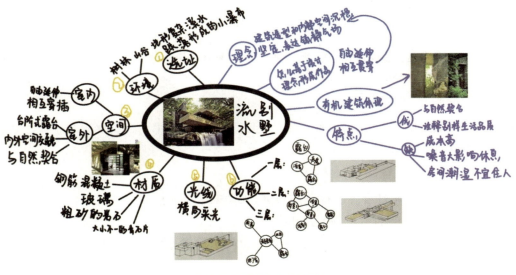

收敛思维导图(流水别墅)

第三节 理性思维

一、什么是理性思维

理性思维是一种基于逻辑、推理和客观分析的思维方式。它强调以事实和证据为基础,通过合理的推断和分析来进行判断和决策。理性思维注重思考的合理性和逻辑性,避免个人情绪和偏见的干扰,尽可能客观地评估问题和情况。理性思维能够帮助人们更好地分析和解决问题,做出明智的决策,并提高思维的准确性和可靠性。

二、理性思维的主要表现形式

1. 逻辑思维

理性思维强调按照逻辑规则进行推理和分析,它专注于探究因果关系、条件关系和假设关系等逻辑关系,通过推理和演绎得出结论。

2. 分析思维

理性思维注重对问题和情况进行细致的分析和解析,它通过分解问题,研究各个要素的相互关系和作用,找出关键因素并进行评估。

3. 证据思维

理性思维强调以事实和证据为基础进行思考和判断,它要求收集和评估可靠的证据,避免凭空猜测或主观臆断,从而得出更准确和可信的结论。

4. 比较思维

理性思维常常进行不同方案、观点或假设的对比,通过对不同选项的优劣、利弊进行评估,选择最合理和最有利的方案。

5. 批判思维

理性思维鼓励质疑和挑战现有观点及假设,以发现其中的逻辑漏洞和矛盾之处,它强调审慎和审视,避免盲从和片面性。

6. 预测思维

理性思维试图通过合理的推测和预测,预见未来可能出现的情况和结果,它基于现有的信息和趋势,进行合理的假设和推断。

这些表现形式并非独立存在,常常相互交织和互相补充,共同构成了理性思维的特征。

三、理性思维的应用案例

下图是意大利著名设计师弗兰克·阿尔比尼(Fraco Alibini)的代表作之一,这是一个拉力书架,运用精密的力学原理,通过结构模拟帆船的桅杆连接层层的玻璃,体现了一种精确又积极向上的力量美。弗兰克·阿尔比尼的作品秉承逻辑的一致性、结构的严谨性和设计的纯粹性,作品极富创意又不失严谨,体现了高度的唯美主义和理性主义。

Veliero 书架(Fraco Alibini)

下图中的雏菊椅也是阿尔比尼的优秀作品,运用传统材料进行了创新设计。这把椅子由藤条编制而成,线条优美流畅,看起来玲珑通透又富有交错的韵律美,赋予家具返璞归真、清新朴实的风格。

雏菊椅(Fraco Alibini)

下面的作品是学生的理性思维练习。

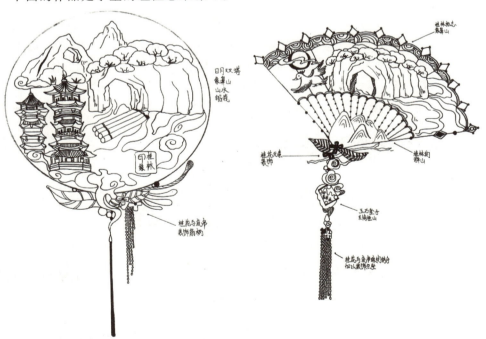

理性思维练习(龙莉)

理性思维练习（王风敏）

第四节　感　性　思　维

一、什么是感性思维

感性思维是一种基于个人感受、情感和直觉的思考方式。它强调个人的主观体验和情感反应，通常与理性思维相对立。感性思维更注重直觉和情感的影响，而不是基于逻辑推理和客观事实的分析。它常常涉及个人的情绪、情感和直觉的体验，帮助人们理解和解释世界，做出决策和判断。感性思维在艺术、文学、音乐、哲学等领域中尤为重要，因为它能够激发创造力，表达个人的情感和体验。

二、感性思维的主要表现形式

1. 直觉和情感

感性思维通过直觉和情感来理解和感知世界，注重个人的感受和情感反应。它不依赖于逻辑推理和客观事实，而是更注重个人的主观体验。

2. 艺术和创造力

感性思维在艺术和创造领域中得到广泛运用。通过感性思维，艺术家和创作者能够表达自己的情感和体验，创造出独特的艺术作品。

3. 情感和情绪导向

感性思维往往与情感和情绪密切相关。它通过情感和情绪的引导来理解和表达事物,更加注重个人的情感体验。

4. 主观性和个体差异

感性思维是个人主观体验的一种表现形式,因此会因人而异。每个人的感性思维方式和表达方式都可能有所不同。

5. 敏感性和共情能力

感性思维常常与敏感性和共情能力联系在一起。通过感性思维,人们能够更好地理解他人的情感和体验,增进共情能力和彼此的理解。

总之,感性思维通过直觉、情感和个人主观体验来解释和理解世界,强调个体的情感反应和主观感受。它在艺术、创造性思维以及人际关系中起到重要的作用。

三、感性思维的应用案例

下图是新加坡Studio Juju设计工作室为Living Divani家具公司设计的作品《兔子和乌龟系列》。Studio Juju设想了一个生活空间,它的流动性是不确定的,人们根据自己在这个空间中的活动自发地调整自己。通过重新考虑生活空间的背景,我们意识到这种流体相互作用与水和岛屿的运动之间存在着一种有趣的关系。《兔子和乌龟》是不同形状和高度的桌子的集合,设计师希望当人们沿着桌子的曲线坐着时,它将激发一种解放内心的体验。2014年,该工作室被授予新加坡总统设计奖,评审团称赞该工作室的作品展示出精致的设计敏感性和多功能性。

Rabbit&Tortoise Collection 桌子(Studio Juju)

下图是珠峰威士忌玻璃杯,该作品是加拿大酒商Liiton与屡获殊荣的设计师Nina Brunn的一次合作,该作品获得了红点设计大奖。其中的点睛之笔"山"——基底的珠穆朗玛峰复制品是按比例绘制的,该产品的存在可作为破冰船(双关语),让客户精神振奋的同时,亦可以根据底部的冰山标注来测量饮品的量。感性思维的应用使得这件设计作品既让使用者有情感链接,也增强了产品的实用性。

珠峰威士忌玻璃杯(Nina Brunn)

以下作品是学生的感性思维练习。

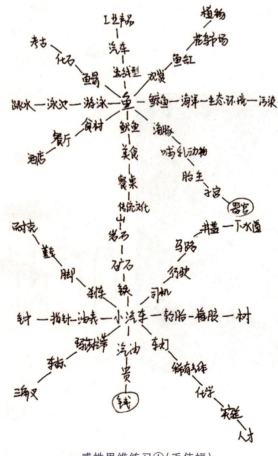

感性思维练习①(毛佳妲)

下面这件作品的核心元素是一个以心脏形状设计的半透明玻璃存钱罐,其中填充了大量金币。它巧妙地映射出现代社会中人们的价值观问题:许多人的价值观受到了金钱的显著影响,他们不断思考着如何通过各种手段增加财富。这个存钱罐的特殊之处在于,只有将它摔破,人们才能取出里面的金币。这一设计寓意着要打破那些被金钱所束缚的内心状态,才能真正获得由每个人点滴积累而成的、更为珍贵的精神财富和美好的未来。

感性思维练习②(毛佳姮)

下面这件作品灵感源自人工智能,融合了前沿科技元素,形成了一个具有机械外观的面膜。面膜由多层纳米薄膜叠加而成,这些薄膜采用金属粒子材料,并通过导线连接,能够渗透至细胞基底层,实现了面膜内基质的持续替换,从而实现了循环使用的目标。面膜同时搭载了机械电子系统,该系统能够通过全息投影扫描面部情况,自动调整面膜的大小、功能和适宜温度,为用户提供极致的舒适体验。

感性思维练习③（毛佳姮）

第五节　联　想　思　维

一、什么是联想思维

　　联想思维是一种创造性的思维形式，通过将已有的知识与不同的思维对象进行类比联系，寻找二者之间的相关性，从而孕育新的创新构想。这种思维过程建立在感官接收外部信息刺激的基础上，是一种实质性的思维活动，包括收集、整理、分析、比较、归纳和判断等有规律的心理运动。联想思维具备具象和抽象的媒介，可以借助可视的具象和抽象符号来表达。例如，通过形状的重叠、替代、夸张、借物喻人、错位和交叉等手法，联想思维在表达不同信息之间的关联和冲突时发挥作用。这种思维过程通过形态的复杂与简约、界内与界外的造型和构图，展示了从感性到理性、从表象到本质的变化与升华。根据内容的独立性、新颖性和创造性程度，联想思维可分为再造性联想和创造性联想两大类。在设计师的视野中，创造性联想思维的量与质将决定设计创新突破的可能性。

在设计领域中,联想思维发挥着至关重要的作用。首先,它激发了人们的思维活动,深化了对具体客观事物的认知。设计师通过对所要表达的信息进行提炼、组合、联想和研究,将表现对象从现象美升华为艺术美的创造性构成。联想思维帮助设计师将设计对象与已有的知识和经验相连接,不仅能够发现新的灵感和创意,还能够引发观众的共鸣和深刻体验。无论对于设计师还是受众,联想思维都是一场视觉的洗礼,激发了想象力,推动了设计的发展。此外,联想思维是比喻、类比、暗示等设计手法的基础,它能够唤起观众的联想,使设计更具生动性和吸引力,赋予接受者亲近感和好感。

联想思维具备形象性和连续性的特征。首先,联想思维属于形象思维范畴,其思维过程依赖于一个个表象的连接来完成,就像电影中的一帧帧静止画面连续播放,最终成为完整的电影。这种思维方式具有感性和直观的特点,使思维过程生动而鲜明。其次,联想思维通常是由某个事物或概念引发对其他事物或概念的思考,即从一个事物的表象、动作或特征联想到其他事物的表象、动作或特征。这些事物之间往往存在某种联系,因此持续开展进一步的联想,直到结束。有时,开始和最终的两个事物似乎没有直接联系,却通过联想思维的形式联系在一起,展现了联想思维的连续性特征。

以下学生作品是联想思维练习。

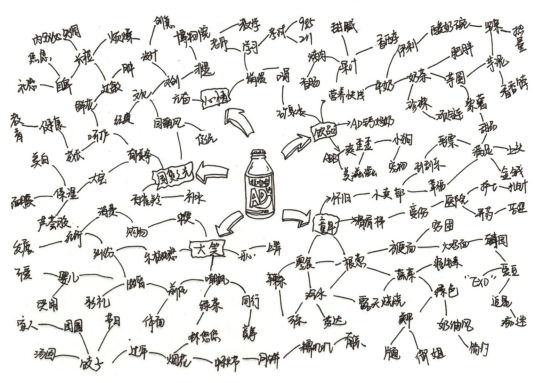

联想思维练习(学生作品)

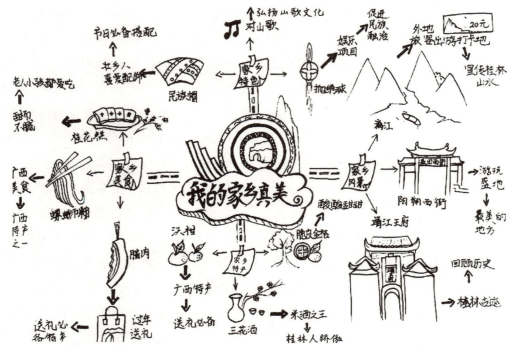

《家乡》联想思维练习（郭雨晶）

二、联想思维的主要表现形式

联想思维作为传达语义的主要方式，也是人类最基本的思维形式，其主要表现可以分为虚实联想、因果联想、接近联想、对比联想、推理联想和类似联想。

1. 虚实联想

构建图形主题思想时，常常涉及虚构和实际事物的联系。例如，古诗中的"踏花归去马蹄香"中，虚构的"香"与实际的蜜蜂形成了虚实联想。例如来自厄尔瓜多的设计师Cintascotch的一篇虚实结合的创意设计，将手与平面线稿相结合，生动地再现了动物的可爱有趣。

   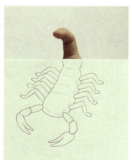

虚实联想创意作品（Cintascotch）

2. 因果联想

将事物的发展变化视为因果关系而进行联想。这种思维方式强调因果性,因此能够引发联想。例如,在下图的公益海报中,人因为坐的时间久了变成了凳子,非常幽默地道出表现出了广告语"久坐的人不能逃避疾病,去运动"。

久坐的人不能逃避疾病,去运动

3. 接近联想

通过时空关系,将不同时空阶段的同类事物联系起来。这种联想方式强调了时空关系的接近性,有助于我们更好地理解和把握事物的发展脉络。例如靳埭强设计的第三届亚洲艺术节的招贴海报就融合了印度的发饰、中国戏曲中扮相的眼睛、泰国面具的鼻子和日本浮世绘文化的嘴巴,把四个不同的元素联系在一起,突出了亚洲艺术节的典型特征。同时,联想思维也表现在招贴设计过程中,用传统的手法表现现代的事物或者用现代的手法描述传统的概念,使之成为一件非凡的艺术作品。

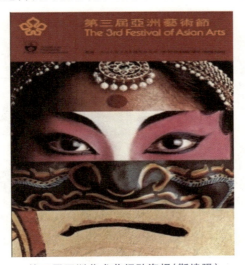

第三届亚洲艺术节招贴海报(靳埭强)

4. 对比联想

通过对事物的相反特征进行联想,或者推导事物的正常轨迹与逆向轨迹之间的关系。

5. 推理联想

由一个概念引发其他相关概念,根据它们之间的逻辑关系推导出新的创意构想。

6. 类似联想

基于某一事物的感知或回忆,引发对与它在性质上相似或接近的事物的回忆。福田繁雄的图形设计以一本合上的百科全书(《2010福到心田》)来进行推理,首先,他用水告诉大家百科全书包含的内容广泛而深刻,水中游动的动物显示这本书的知识都是即时的、活的,而非教案、非过时的。书籍永远是纽带,总吸引热爱学习的大众,我们不仅要沉浸其中,还要超脱出来。

《2010福到心田》(福田繁雄)

三、联想思维的应用案例

总之,这些不同类型的联想思维在设计中发挥着重要作用。联想思维在设计构思中是灵感的源泉,不仅能打开设计师的思路,还可以通过对联想素材的分析与选择,丰富设计信息。出色的设计依赖于联想思维的心理活动方式,是构思设计的基础思维。因此,联想思维对于设计师来说是一种极其重要的思维方式,是创造设计中的源泉。

以下学生作品是联想思维练习。

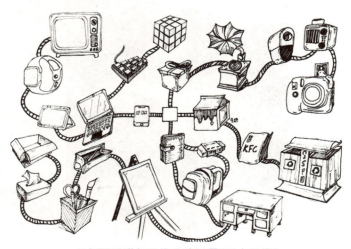

几何图形联想思维头脑风暴图(韦凤梅)

以"动物"为主题的联想思维练习（李水凤）

第六节　想象思维

一、什么是想象思维

想象思维是一种在头脑中改造记忆表象、创新形象的思维过程。它不仅涉及重塑过去记忆中的事物形象，还包括重新组合已有的联系方式，从而产生新的高级认知过程。与其他思维方式不同，想象思维具有独特之处：一方面，它直接参与思维组织，构建意识中的记忆表象；另一方面，在思维过程中，它还能够激发创造性。这种创造性使事物从个人主观意识中变为客观可感知的外在实体，形成真正的艺术。因此，想象思维是一种对事物形象或概念进行选择或重新组合的思维方式，具有极大的自由度。

达·芬奇的设计概念手稿

与联想思维不同，想象思维涉及对已存储的感知表象进行加工和改造，以及借助这些原有表象来生成新的形象。联想思维是想象思维的基础，而想象思维则是对联想的更进一步运用。没有联想提供的基础表象，就不可能进行想象思维的加工和改造。

联想思维不仅仅连接了感知和表象,还包含了情感和记忆等多种心理因素。在艺术创作过程中,想象思维成为思维的核心,汇集了头脑中各种因素,将他们幻化为一种创造力,形成了想象思维独特的魅力。特别是在设计领域中,它发挥着至关重要的作用。想象思维可根据不同的依据分为四大类,即创造性思维、形象思维、想象思维,以及再造想象思维和创造想象思维。

想象思维关系图

二、想象思维的主要表现形式

1. 创造想象

创造想象是一种在大脑中独立生成新形象的思维过程,具有新颖性、独立性和创造性。它不依赖于现有的描述,而是独立产生新的形象。创造想象体现了个人的憧憬或寄托,不直接与当前行动相关,而是指向未来。它具有积极的意义,积极的幻想是创造力实现的必要条件,激励人们创造的重要精神力量。这种创造想象必须突破以往的经验和惯性思维限制,才能算得上真正具有创造性。只是在已经存在的设计作品上进行微小的修改,不能被称为真正的创造。例如,一些"概念车""概念飞机""概念房子"等,这些新产品在人的头脑中独立创造,前所未有。因此,创造想象具有新颖、独创、奇特等基本特征。创造想象的设计方法有很多,例如解构和重组、拼贴合成和再创造、局部或整体的夸张变形等。通过专业技巧和设计思维的引导,可以创造出奇特和有趣的形象。

奔驰的概念汽车(左)、蜂巢冰箱(中)、概念飞机效果图(右)

2. 再造想象

再造想象是根据语言的表述或非语言的描绘(图样、图解、符号记录等),在头脑中形成有关事物的形象的想象。例如,当人在阅读小说时,根据作者的描写,想象出相应的人物、场景、情节等。这些"再造"的形象虽然不是阅读者设计出来的,但可以通过对文字的理解和加工,使这些形象变得具体、生动、易于理解。因此,再造想象也包含了一定的创造成分。创造想象和再造想象既有区别,又有共同点。区别在于,创造想象的创造成分更大。共同点在于,他们都是在感知的基础上对原有表象进行加工、改造和重新组合。

以下学生作品是想象思维练习。

想象思维练习（吴琼）

3. 无意想象和有意想象

无意想象是一种没有特定目的、自然而然产生且未经察觉的初级想象形态。在日常生活中，人们常常进行无意想象。例如，当人看到蜜蜂采集花蜜时，会不由自主地将其想象成勤劳的工作者。相反，有意想象是有目标、有计划、自觉地进行的想象。例如，在设计中，设计者为了构思新机器，需要有意识地想象它的尺寸、形状、外观和内部结构等。有意想象受到目标的支配，人们在这一过程中控制着想象的方向，从而提高实现目标的可能性。

下面学生作品是有意想象思维练习。

电灯泡高脚杯　猫和老鼠　玉米鱼　手掌铅笔　企鹅火焰　冰淇淋雪人　猫和狗　月球月饼

有意想象思维练习（宁乙曼）

有意想象思维练习（郑贤龙）

有意想象思维练习（李佳慧、宁乙曼）

4. 空间想象

空间想象是从平面图像想象出立体图像的过程，因此也被称为立体想象。在设计中，具备良好的空间想象能力至关重要。创作者的文化素养、知识结构等因素直接影响着他们的空间想象能力。优秀的设计师在面对复杂的客户需求和多变的设计形式时，通过灵感和顿悟来发掘创意火花，加强对设计对象的空间认知能力。这也反映了设计师的创作"悟性"，是评价一个设计师的重要指标。因此，空间想象的创造思维对设计非常重要。法国建筑师Ptrick Prtouche用八个海运集装箱设计了一栋208平方米的集装箱别墅，在这个设计中，建筑师将集装箱的概念重组，改造集装箱封闭的空间使其成为适宜人居住的生活空间。

集装箱别墅（Ptrick Prtouche）

三、想象思维的应用案例

想象思维是一种积极、主动、活跃、自由和大胆的联想思维形式，它在各个领域都有着广泛的应用。运用想象思维可以激发创造力，留下深刻的印记。离开想象，我们无法发挥创造力，也无法实现创造。但需要注意的是，幻想只有在符合实际生活的规律和满足实际需求的基础上，才能成为"理想"。如果违反实际情况或科学法则，再好的想象也只是空想。因此，想象思维是一种强大的思维工具，可以引导我们朝着积极的方向迈进，创造出有价值的新事物。

下面学生作品是想象思维图形训练。

以"鞋子"为主题的想象思维图形训练（马覃钰）

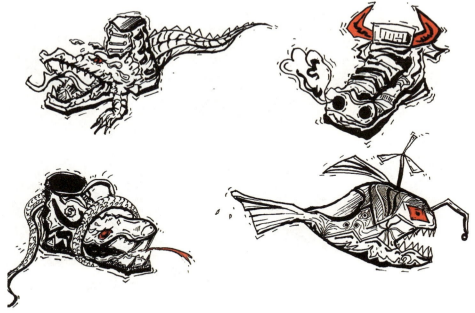

以"鞋子"为主题的想象思维图形训练（董锦）

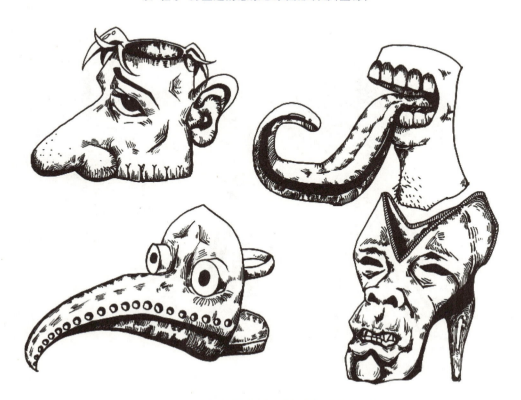

以"鞋子"为主题的想象思维图形训练（黄宁飞）

以"鞋子"为主题的想象思维图形训练①（龙莉）

以"鞋子"为主题的想象思维图形训练②（龙莉）

以"鞋子"为主题的想象思维图形训练(舒灿)

以"鞋子"为主题的想象思维图形训练(牛瑾钰)

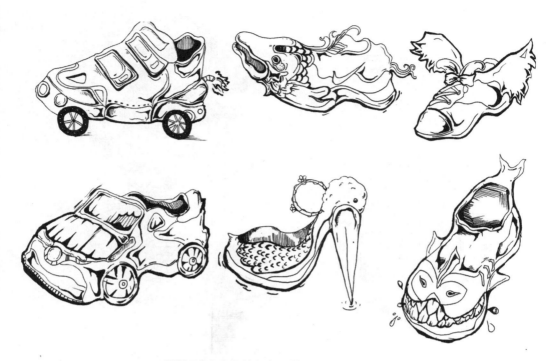

以"鞋子"为主题的想象思维图形训练（谭永贵）

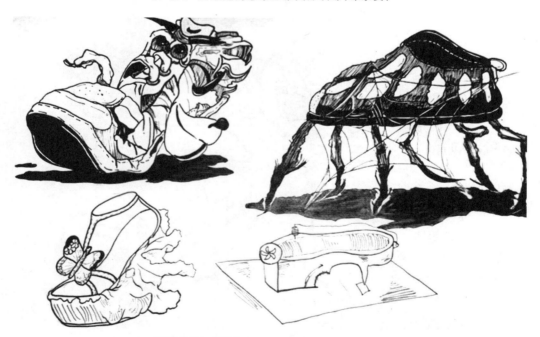

以"鞋子"为主题的想象思维图形训练（覃玲珑）

第七节 逆向思维

一、什么是逆向思维

逆向思维,又称反向思维或求异思维,指的是使用与原有观点相对立或表面上看似无法解决问题的方法来思考。它从事物的相反面或功能反方向出发,以寻求问题的解决方案,并促使新的思维和创意的产生。这种思维方式与传统逻辑思维的合理性截然不同,它的特点在于打破常规。福田繁雄的设计就很好地展现了这一思维。

逆向思维海报设计(福田繁雄)

老子曾说:"知其雄,守其雌,为天下溪;知其白,守其黑,为天下式。"此外,成语"反经合义"也传达了相似的理念,即某些行为虽然看似违背常理,但实际上却符合事物的内在规律和正义。这两句话颠覆了逻辑思维的方向,完全反转了常规思维方式,从事物的对立面或相反功能出发进行思考。逆向设计思维能够帮助设计师突破常规思维的限制,挑战现有秩序和既有认知,大胆质疑公认的"真理",并探索未知领域,从而使设计更具创意性。因其独特的价值,逆向思维已成为艺术设计领域一种具有重要理论和研究意义的方法。因此,逆向思维有以下几种特点。

逆向性:逆向思维从相反的、对立的角度出发,颠倒地看待问题。按照对立统一的观点,一切事物都有其对立面,都可以从相反的角度来思考。

普遍性:逆向思维实际上并不罕见,有时甚至非常普遍,只是我们还不太习惯这种思维方式,因此忽视了它。实际上,在很多情况下都可以看到逆向思维法的应用,比如牛顿发现了万有引力,他不断探索了苹果"掉下来"的原因与条件,最终发现了引力。

这种方法在各种活动中都有适用性与普遍性。

批判性：逆向思维常常涉及打破常规，超越传统，反对传统或权威观点。它表现为对常规的批判，对传统或权威的挑战。

新颖性：通过逆向思维得出的结论，其形式往往出人意料，给人以离奇古怪之感。然而，透过这些滑稽怪诞的表面，我们可以发现其中许多合理的因素，带给人们全新的感觉。例如，人们通常关注酒精对人体健康的潜在负面影响，但是通过逆向思维，我们可以考虑到酒精在一定条件下（如医疗用途）可以杀灭细菌，具有杀菌作用。

二、逆向思维的主要表现形式

1. 反转型逆向思维

这是逆向设计思维中最重要的方法之一，它鼓励设计师从已知事物的相反方向出发，打破传统设计的限制，创造新的设计方向。

2. 转换型逆向思维

要求设计师在面对难以解决的设计问题时采取不同的方式或角度来思考。例如，在海报设计中，设计师可以利用图像的正负形式互换来传达创意主题，这种方式打破了人们的视觉习惯，创造出令人印象深刻的作品。

下面学生作品是利用转换思维的正负图形练习。

利用转换思维的正负图形练习（鲁静）

利用转换思维的正负图形练习（董锦）

利用转换思维的正负图形练习(龙莉)

利用转换思维的正负图形练习(高广聚)

正面看是八爪鱼反面是蘑菇是一道家常菜

房产中介是个人

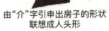

由"介"字引申出房子的形状联想成人头形

   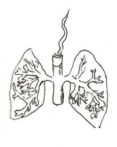

用鱼代替女性柔软的头发引申出人与自然和谐共生关系

由鸭子身体轮廓形成一个帽子造型既是一个西装帽也是一个鸭舌帽

利用转换思维的正负图形练习(周磊磊(左)、黄佳梅(右))

3. 缺点型逆向思维

这是一种将事物的缺点转化为优势的创意思维方式。例如,一款罐头包装将罐头整体设计成鱼的形状,并将拉环设计成鱼尾巴的形状,解决了传统罐头拉环不美观的问题,使包装更具吸引力。在设计创作中,逆向思维的应用可以帮助设计师克服常规思维的局限,创造出独特的作品,从而为产品或品牌增添创新点,提升竞争力。

利用缺点逆向思维的鱼罐头包装设计

三、逆向思维的应用案例

逆向思维是一种强大的工具,它可以激发创造力,突破传统思维模式,解决问题,以及创造出独特的设计作品。通过反转、转换和利用缺点等不同类型的逆向思维方法,设计师能够在设计中收获意想不到的效果,吸引并留住观众的注意力。因此,在设计过程中,多运用逆向设计思维,可以为创意和创新提供有力的支持,从而推动设计领域的发展。

逆向思维在设计领域有许多有趣的应用案例,它能够帮助设计师创造出令人难忘的作品。

下面学生作品是一些基于逆向思维的练习。

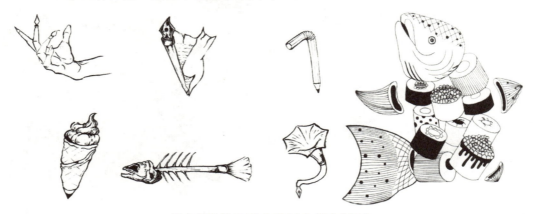

逆向思维练习(陆金花(左)、张会(右))

逆向思维练习（周磊磊）

《脑子掉了》

逆向思维练习（陆金花）

逆向思维练习（罗智洋）

第八节　灵感思维

一、什么是灵感思维

"灵感"这个词源于古希腊，由"神"和"气息"两个词复合而成，意指神的灵气。按照《现代汉语词典》的解释，灵感是指在文学、艺术、科学、技术等活动中，由于艰苦学习、长期实践，不断积累知识和经验而突然产生的富有创造性的思维活动，是形象思维扩展到潜意识的产物。灵感是人们借助对事物新的认知与启示所猝然迸发的一种领悟或理解的思维方法。

灵感思维作为艺术设计思维的一种表现形式，从表面上看，设计灵感的发生常常出人意料，这种特殊的思维活动似乎无规律可言，实际上它也受到一定逻辑规律的制约。在艺术设计创作中，灵感思维的出现是建立在设计师头脑思维活动的大前提之下，创作目标明确。它不是凭空爆发出来的，而是需要设计师有丰富的生活经验、较高的个人修养，以及长时间的思索。在一个设计作品的创作过程中，灵感的出现往往是突然的、瞬间即逝的，不是由自己的意志所决定的，也不是能够预期的。

以下学生作品是灵感思维练习。

灵感思维作业练习（陈美燕）

二、灵感思维的主要表现形式

灵感出现之前已经有大量的设计素材、情感、信息深藏在设计师的潜意识当中，这些材料可能是杂乱无章或是朦朦胧胧的，然而在思维过程中，大脑某神经系统突然得到沟通，某些信息突然在想象中产生了相互的联系，思维活动突然进入到一种异常活跃和顺利的状态之中。这种突然迸发的想法就是灵感，是一种高级的思维方式。与形象思维与抽象思维相比，灵感思维主要有以下四个方面的特征。

1. 突发性特征

灵感思维的特征首先表现为它的突发性。灵感思维不同于一般的由感性认识积累上升为理性认识的思维过程，它是一种突然迸发的顿悟，通常是在一种不经意的情况下突然发生的。它何时发生或是由什么而触发往往带有很大的偶然因素，是不可预期的，具有突发性。究竟会以"顿悟"还是"渐悟"的方式出现谁都无法预料，难以把握。有时创作者冥思苦想，灵感却始终不出现，但在进行无意识的活动比如在睡梦中或半梦半醒的状态下灵感却会突然到来，抑或是被某些熟悉或不熟悉的事物瞬间激发。

2. 被动性特征

灵感的发生具有被动性，它往往不受思维主体所控制，而是具有很大的偶然性。灵感思维与通常的自觉性思维不同。自觉性思维是人脑自觉的思维活动，是一种有意识地促成思想从感性认识向理性认识飞跃的过程。灵感思维不具有规律性，它的出现往往不在创作者的控制范围内，而是意料之外的，因此很难被创作者所掌握。偶然性可以说无时不在、无处不在。然而，所有偶然性的东西其实都与历史有联系，处于历史形成的因果关系之中。事物的联系是多方面的，事物的形成，有其远因，也有其近因；有其主因，也有其助因。

3. 模糊性特征

在讨论灵感思维的模糊性特征时，需要考虑到形式的模糊性是灵感思维的一个重要特征。正因为其模糊性，灵感思维才常常被认为是神秘的、不可知的。由于灵感思维是非逻辑性、非线性的自由发散的思维方式，其整个过程必然带有模糊性的特征。人脑中所获得的认识是跳跃式的，因此它不可能像循序渐进的逻辑思维那样清晰和严密，有时在细节上还很粗糙，所以不可避免地带有模糊性的特征。一般而言，人们的语言表达必须符合逻辑规则、有条理，这就决定了人们难以用精确的语言对灵感的发生过程进行准确的描述，而只能采用模糊性的表达。

4. 独创性特征

独创性是优秀艺术作品的重要特点。一件创作如果墨守成规、毫无新意，那么它的价值就会大打折扣。凡是有灵感思维参与的艺术创造活动，都具有非线性的独创性，这是灵感思维的本质特征。灵感思维与一般思维的一大区别就在于所获得成果的新颖性和独创性，同时灵感思维独特的科学价值、艺术价值和社会价值也是独创性的具体表现。灵感作为一种完全私人的思维方式，因为其突发性和不可控制性，因此也不可能被他人所模仿，每个人都有自己独特的寻找灵感经历。正因如此，灵感才成为艺术创作中万年不衰的"智慧之花"。灵感的发生有时甚至可能创造出一个新的流派或开拓一个新的审美领域。

灵感思维作业练习（黄璐璐）

三、灵感思维的应用案例

下图是智威汤逊为新秀丽箱包做的平面设计《天堂与地狱》，它采用了三重对比产生的张力，来打动人心。

《天堂与地狱》（智威汤逊）

第一，"天堂"与"地狱"的历程对比，来完成整个创意的主体内容——消费者在飞机上享受着天堂般的待遇，而在地狱般的货舱中，他的行李箱却遭遇了魔鬼的踩踏等，但无论如何，最后消费者依然能够拿着自己熠熠生辉的新秀丽满意离去，这一切都有赖于产品质量的强硬保障。

第二，"汉白玉"与"血魔窟"的材质与色调对比，这是在故事主体之外对受众视觉冲击最直接的因素。汉白玉的圣洁和血魔窟的阴森，不仅能够激发观者的强烈情绪，还能增添对产品的关注。

《建筑材料》（智威汤逊）

第三，"艺术的高度升华"与"现实的极度贴近"的对比，通过将消费者内心期待和真实经历结合起来，创造出既抽象又具体的艺术场景。这种方式不仅使产品或服务更具吸引力，还能在消费者中引发更深层次的共鸣，进而产生强大的传播效果。

下面学生作品是灵感思维练习。

灵感思维练习（李伟施、罗志洋）

灵感思维练习①（董锦）

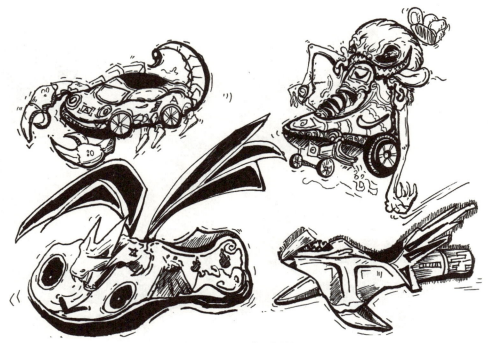

灵感思维练习②（董锦）

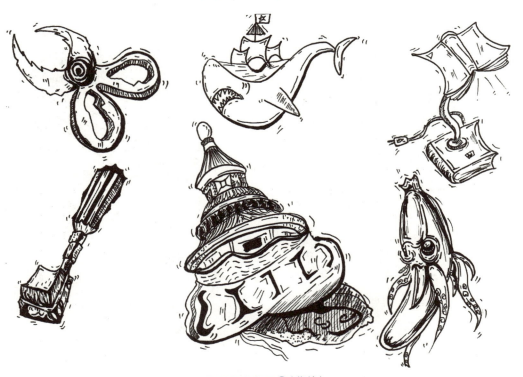

灵感思维练习③（董锦）

创意思维与方法

灵感思维练习（陈柏良）

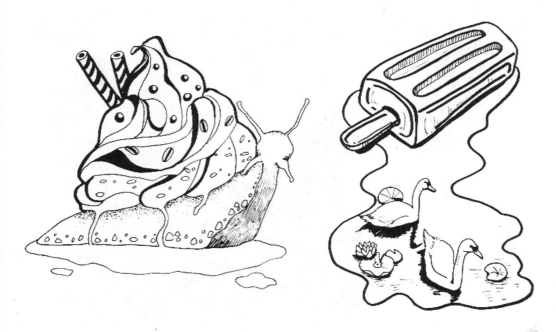

灵感思维练习（黄筠茜）

灵感思维练习（龙莉）

灵感思维练习（李宁）

灵感思维作业练习（周磊磊）

灵感思维作业练习（陈彩云）

综上所述,灵感思维的产生具有非线性、突发性和随机性的特点。在这个过程中,有时候可以无视传统逻辑,突破常规思维框架,甚至与经验相悖,但却常常能够激发创新的想法和观念。灵感的产生确实是突然而来,但由于其非线性的特性,一旦消失,便很难重新捕捉到。这正是灵感思维的本质。因此,灵感的跳跃被视为思维过程中最珍贵、最难得的形式之一。在设计创新乃至整个人类创造活动中,灵感的跳跃始终扮演着重要的角色,不断激发和推动着创造力的发挥。

慎思笃行

第四届中国设计大展及公共艺术专题展(节选)

本章小结

本章通过"理论概念+案例解析"的形式,让学生对不同思维方式有了深入了解,有助于设计师更好地理解和应用创意思维。通过本章的学习,学生将掌握发散思维、收敛思维、理性思维和感性思维等不同类型的思维方式。这些思维方式对于解决设计问题和创造新的解决方案至关重要,为设计师提供了灵活的思维模式,使他们能够在实际设计项目中更有信心地应对各种挑战,实现设计目标。

课后实训

请简要阐述创意思维中的发散思维和联想思维之间的主要区别和联系。

章节测试

二维码在线答题

第三章
创意思维的方法

本章概要

本章将全面探讨创意思维的方法,包括联想刺激法、默写式头脑风暴法(635法)、信息顿悟法、信息组合法、类比适合法、创意收集法和形态创意法等。我们将深入了解每种方法的原理和应用,帮助学生灵活选择和运用创意思维方法,以实现设计目标和创新的价值。通过本章的学习,学生将培养创新思维,激发创造力,更好地应对各种设计和创新挑战。

学习目标

1.知识目标:了解创意思维方法的多样性,包括联想刺激法、默写式头脑风暴法、信息顿悟法、信息组合法、类比适合法、创意收集法和形态创意法,并且理解每种创意思维方法的原理和应用领域。

2.能力目标:能够运用联想刺激法,通过发现不同领域、思维方式或概念之间的联系,激发新的创意思维,解决问题,推动创新;具备进行头脑风暴的能力,能够有效地在团队环境中应用默写式头脑风暴法,促进创新思维;学习信息顿悟法的技巧,能够深入思考问题或情境,以寻求灵感和突破性的见解;理解和应用其他创意思维方法,如信息组合法、类比适合法、创意收集法和形态创意法,以实现不同的设计目标和创新价值。

3.素养目标:培养学生的创新思维,使其能够独立或合作运用不同的创意思维方法,提出创新解决方案;激发学生的创造力,帮助学生思考问题的多样性,寻求创意的途径,以推动创新和改进;培养学生适应不同情境和需求的能力,以便他们更好地应对设计和创新挑战,实现各种目标和价值。

第三章　创意思维的方法　　057

知识导图

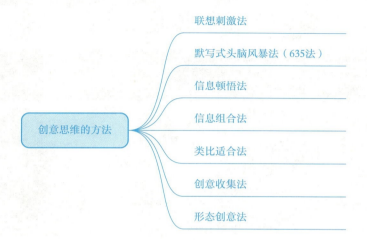

章节要点

联想刺激法；默写式头脑风暴法（635法）；信息顿悟法；信息组合法；类比适合法；创意收集法；形态创意法。

案例导入

本章案例以工艺美术专业陈锦林同学的毕业设计作品《"俑"陶》为导入，陈同学的作品主要展现了兵马俑元素在陶瓷旅游工艺品中的设计应用。陈同学选取兵马俑中的人物造型为设计思路，将兵马俑文化融入现代茶具设计中。陈同学将大家熟知的骑射俑和兵马俑盔甲作为茶壶、公道杯、茶叶罐的主体装饰，茶杯一面以兵马俑的头部轮廓作为主要装饰，另一面以兵器作为辅助图形进行装饰。整个作品以兵马俑为设计元素，运用拉坯成型的方式，并结合双层雕刻、镂空等技法来进行制作，使作品更具观赏性和实用性。

在设计这个作品时，陈同学运用了创意思维的设计方法。首先通过头脑风暴将自己全部的模糊想法列出，然后通过类比适合法与创意收集法，得到既切合自己设计目标又结合了兵马俑元素的设计思路，最后通过形态创意法设计出了较为满意的作品，实现既定的设计目标和价值。

陈锦林毕业设计作品《"俑"陶》

第一节 联想刺激法

一、什么是联想刺激法

联想刺激法是一种将 A 事物联想到 B 事物的心理过程。作为一种创意思维的技术，它通常是由一个概念、一个形象、一个情境等出发，通过想象、比喻、象征等方式，快速地产生新的想法或理解。这种方法不仅在艺术设计领域得到了广泛使用，还被大量应用在各行各业，如科学发明和文艺创作领域等。由于人们的心理行为和意识的区别，人们的想象力也会有很大的不同。联想刺激法的基本思想是，设计师通过寻找看似不相关的元素之间的共同点或联系，将灵感拓展开来，从而产生新的、独特的想法。

二、联想刺激法的实施步骤

在使用联想刺激法时通常涉及以下步骤：

首先，明确主题。它可以是关于产品设计、市场推广、艺术创作或任何需要创意思维的领域。

其次，收集一些看似不相关的信息、图像、概念或想法。这些元素可以来自不同的领域，或者是完全不同的事物。

再次，将这些不相关的元素放在一起，尝试寻找它们之间的共同点、关联或类似之处。这可能需要一些创意的思考，但目标是找到它们之间的联系，即使它们在表面上看起来没有任何直接关系。

最后，找到元素之间的共同点或联系，尝试将它们结合在一起，看看是否可以产生新的想法、解决方案或设计。

这些新的思想可能会在之前未曾涉足的领域中迸发出来。联想刺激法在设计学科中扮演着重要的推动角色，利用人类的心理能力，训练设计思维的独立性、创新性和创造性。这种方法包括Mapping法、思维导图法、信息资料法等，通过拓展思维训练迅速唤醒并整合个人深藏的知识、经验、情报、信息和记忆，像织网一样将它们联系起来构建全新的理念。这种方法能够激发设计师从单一事物中获得灵感，从而扩展设计思路，促进设计思维的全面发展。

（一）Mapping法

1. 什么是Mapping法

Mapping法，又称为网格扩展法、地毯式搜索法，是一种将发散思维路径记录在纸上进行整理和筛选的方法。Mapping法是在一张纸上，把关键词写在中间，结合头脑风暴，展开发散式的联想（欧美把它称为Game），将各种联想像树一样扩展出去。这一展示过程常常采用树状结构，并辅以颜色、符号、类型和关联等元素。Mapping法通常包括三个主要步骤：信息搜集整合、过程整理和结果报告输出。

Mapping法是由托尼·布赞发明的方法。他在著作《脑图之书——发散性思维》中对这种方法进行了详细的介绍。在欧美，Mapping法被视为一种脑生理研究和能力开发的方法，广泛应用于学校教育。

人类大脑分为左脑和右脑，左脑支持逻辑、分析和语言，而右脑支持具象的分析。通常情况下，左脑被更频繁地使用。Mapping法有助于开发右脑的潜能，使左右脑发育均衡。右脑更具直观性，能够自由发散创意和联想，通过Mapping法，使用者可以根据关键词产生联想，使左右脑共同思考，生成联想脑图。下图是左脑右脑思维分析图。

左脑右脑思维分析图

Mapping法的整体特点包括：①建立联想的中心主题，防止思维偏离主题；②帮助大脑进行联想，并将想法记录下来；③有助于进行思考和决策。

例如，在进行产品设计策划时，如果按照一般方式进行思考，即写下主题并按顺序列出问题，这可能会导致思维受限，创意枯竭。但是，当主题被置于纸张的正中央，并且从全方位（即360°的发散思维）来探索时，就能激发出大量的创意思考。在这些创意思考之后，对它们进行归纳和整理，便可以构建出一种呈现树枝状结构的图表，这种图表通常被称作思维导图（Mind Mapping）。在这个过程中，可能会涌现出一些意想不到的创意。

2. Mapping法的实施步骤

Mapping法主要通过以下几个步骤进行思维的扩散：
（1）准备纸和笔（彩色）；
（2）确定主要课题；
（3）根据主要课题提出副课题；
（4）开始关键联想；
（5）对想法进行分组整理；
（6）筛选创意。

3. Mapping法的应用案例

以下学生作品是Mapping思维练习。

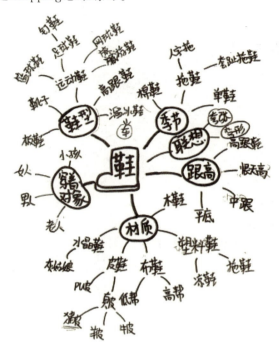

Mapping思维练习（周芹宇）

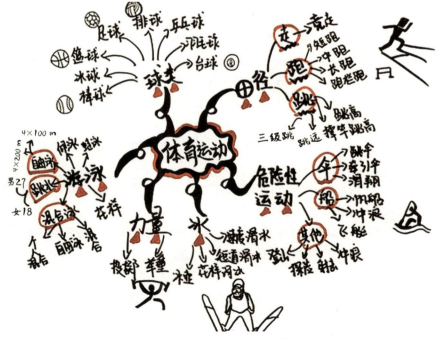

Mapping思维练习（陈佳琪）

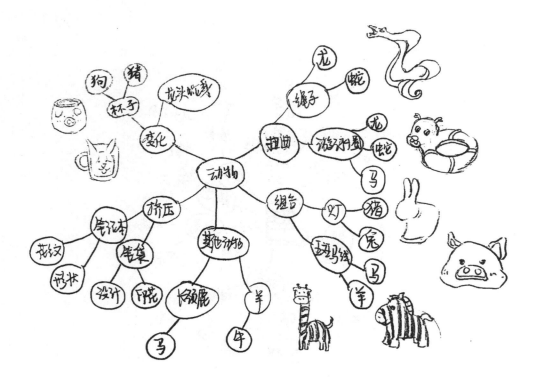

Mapping思维练习（王艺蒙）

（二）思维导图法

1. 什么是思维导图法

思维导图是一种借助人类大脑的图形文字联想能力，扩展思考问题的维度的方法。从一个中心点出发，每个词语或图像都可以成为一个副中心或关联点，并通过分支链辐射到外围。思维导图以视觉图形的形式呈现思考过程，使人们能够清晰地发现事物之间的关系。作为一种不断发展和改进的工具，它的应用十分广泛。一些学者将其应用于教育领域，构建知识网络，以提高学生的学习效率；在企业产品开发领域，典型的例子就是波音公司使用思维导图来设计波音747飞机，显著提高了飞机的设计速度，同时降低了设计成本。

思维导图的思维方式将文字和图形进行结合，并将各级主题之间的关系以层次结构图的形式表现出来，将主题关键词与图像、颜色等联系起来，这种方式通常应用在初始阶段，以激发创意。它能够启发设计师找到解决问题的线索，找到各线索之间的联系，同时还可以帮助设计师找到多种解决问题的方法，并标注每种方法的优点和缺点，直观地呈现出需要解决的问题，清晰地定义问题的主要和次要特征。

思维导图通过使用线条、符号、词汇和图像等进行绘制，遵循一套简单、基本、自然并容易被大脑接受的规则，将冗长的信息转化为彩色、易于记忆、高度有组织的图像思维，与大脑处理信息的方式相契合。

2. 思维导图法的实施步骤

在进行思维导图时,设计者需要遵循以下六个步骤:

(1) 从一张白纸的中心开始绘制,可以使思维向各个方向自由发散;
(2) 用一幅图像表达中心思想使大脑进入兴奋的状态;
(3) 在绘制过程中使用颜色,颜色能为思维导图增添跳跃感和生命力;
(4) 将中心图像和主要二级三级分支进行联结,依此类推通过联想构建思维;
(5) 在每条线上列出一个关键词,单个词汇使思维导图更具有力量和灵活性;
(6) 自始至终使用图形,图形化的表述,更有助于思维的拓展。

思维导图可以通过各种图形、符号和联想来释放大脑的潜力,它不仅可以提高学生的学习兴趣,还有助于增强创意思维能力和团队协作能力,尤其对初学者来说更容易掌握和应用。思维导图全面记录了设计者的整个思维过程,同时有效地减少了在设计中漫无目标地寻找灵感而浪费的时间。它避免了思维的局限和定势束缚,使创意思维始终围绕设计主题展开,从而获得更加准确和有效的设计结果。

3. 思维导图法的应用案例

下面学生作品是思维导图法练习。

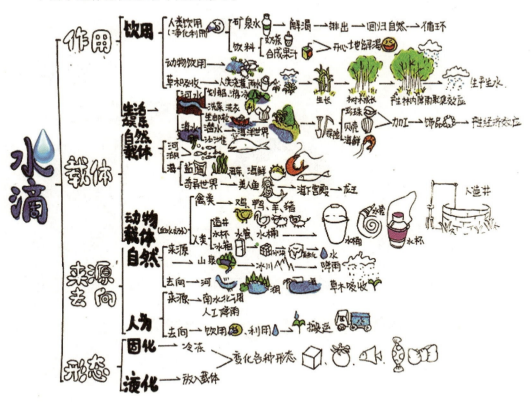

思维导图法练习(周磊磊)

思维导图法练习①（刘娟）

思维导图法练习②（刘娟）

思维导图法练习（段苹芮）

思维导图法练习（刘芳）

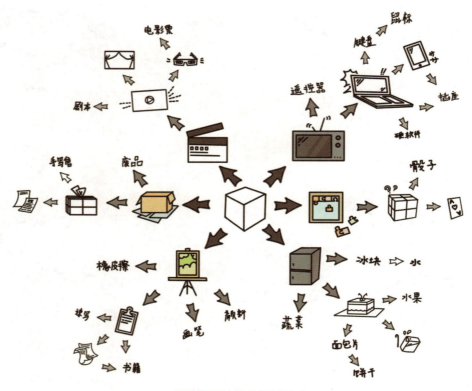

思维导图法练习（马覃钰）

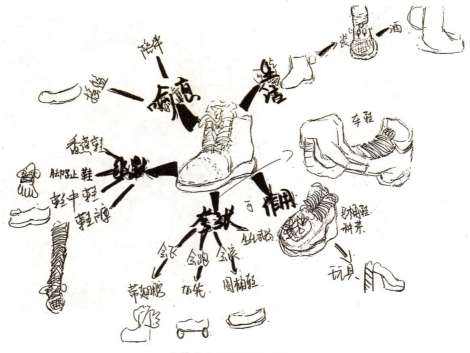

思维导图法练习（陈佳琪）

（三）信息资料法

1. 什么是信息资料法

信息资料法是联想刺激法的一种生成方式，同时也是一种传统的辅助方法。在现代社会，信息就像空气一样，充斥在社会的各个角落。只要人们打开感官器官，就会不由自主地接收到各种信息，并通过意识作用，再传递出一定的信息内容。信息可以促进沟通，帮助人们发展和获取成就。人们越来越依赖于信息，也越来越容易被信息所左右。在信息时代，如何采集、分析、整合、应用信息，是推动事物发展的关键。设计工作的特点在于发掘需求、整合内容、开拓未来，其中需要大量的相关专业信息。设计是以信息内容为依据，以信息内容为再表现的命题。因此，在项目设计中，通过对信息内容进行分析来推进项目设计，可以凭借丰富的信息内容来判断、整合和开拓各个工作环节。

2. 信息资料法的实施步骤

将信息视为项目设计中的主动源，充分发挥信息在不同内容和环节中的多重作用，以促进和提升项目工作内容的不同阶段。其主要内容如下。

（1）正确认识和把握各种信息源。信息不是物质也不是能量，而是我们平常接收和感知到的消息、信号、数据、情报、知识等。社会中的信息非常丰富，不是每条信息都具有相同的价值。因此，需要客观、正确地认识和把握丰富的信息。对信息的判断和把握能力影响着对设计内容的感知。

（2）采集和分析信息。围绕项目内容和设计目标，广泛采集相关信息，进行分类排列和分析比较，从中获得具有借鉴和应用价值的内容。各条相关信息的采集和分析，有助于确立设计表现的基调和方向。

（3）整合信息分析的成果，将其应用到可表现的元素和内容上。对信息分析形成的内容，针对项目的具体情况进行整合，形成项目设计的方向和策略定位，并融入具体的表现元素和内容中。

（4）运用对应层面上的信息提升项目表现力。从社会的广度上可以获得与项目内容层面对应的信息，把外界信息转变成强大的能动塑造动力，使项目内容的整体表现力获得更大的提升。

信息资料法具有两方面的特性。一方面是信息的实用性和直接推动设计进展的能力。设计者需要准确把握、评估和转化信息的价值，将高价值的信息应用于项目中，从而促进设计的发展，推动项目朝着积极的方向前进。另一方面是分阶段引入和消化信息的能力。信息的引入必须与项目的进展阶段相匹配，不同阶段引入具有不同价值特征的信息，可以逐步提升每个阶段的工作效果。

我们要将自己视为从已知信息中生成新概念的综合者，并且在所掌握的资源中充分搜集可使用的信息。只有这样，才能最大限度地利用所掌握的资源。下图是信息资料法收集步骤拆解。

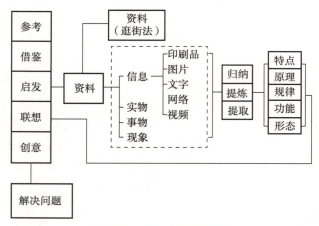

信息资料法收集步骤拆解

3. 信息资料法的应用案例

下面学生作品是信息资料法练习。

信息资料法练习——《桂林工艺品设计》（刘淑相）

第二节　默写式头脑风暴法（635法）

一、什么是默写式头脑风暴法（635法）

头脑风暴法最初起源于20世纪30年代的美国，是一种利用集体思考，激发思维互相碰撞,产生连锁反应,以引导创造性思维的方法。这种方法在解决组织内新问题或重大问题的早期决策中广泛使用。头脑风暴法通常用于生成解决方案,而不涉及实际决策过程。虽然它通常以团队方式进行,但也可用于个人思考问题和探索解决方法,其核心思想是通过集体激发创意。因为激励和互动,它能够产生更多的创意。在一个无批评的自由环境中,人们可以充分发挥创造力。头脑风暴法的关键特点在于参与者首先提出各种创意,然后对这些创意进行评价,划分为"立即可用""修改可用""缺乏实用性"三种分类。总之,头脑风暴法的特点是将创意生成和评价分为两个完全不同的思考过程。美国式的头脑风暴法传入德国后,德国人鲁尔巴赫根据德意志民族习惯于沉思的性格,以及数人争着发言易使点子遗漏的缺点,发展出了默写式头脑风暴法,也称为635法。这是一种以书面方式进行的智力激励方法。

与传统的头脑风暴法相比,635法更适合让每个人表达自己的观点,因为有些人在面对与自己观点不同的观点时可能会选择保持沉默,而635法可以弥补这一缺点。此外,635法使参与者可以更专注于自己的思考,不受他人言论的干扰,从而能够深入思考,可以看作书面形式的头脑风暴。

二、默写式头脑风暴法(635法)的具体内容

1. 635法的具体操作方法

(1)每次会议6个人,每个人在5分钟内在设想卡片上写出3个设想,故又称为"635法"。

(2)会议之始,宣布创意设想的目标,对疑问做出相应的解释。

(3)发给每人几张设想卡片,在每张设想卡片上标注1、2、3编号,在两个设想之间要留有一定的空隙,可让其他人填写新的设想。

(4)在第一个5分钟内,每人针对议题,在卡片上写下3个设想,然后传给旁边的人。这样,半小时内传递6次,一共可以产生108个设想。

2. 使用635法的具体注意事项

(1)会议开始前,注意明确议题。

(2)议题范围应在参加者关心范围内。

(3)讨论时气氛轻松、表达自由,但应避免太乱而无秩序。

(4)主持人应注意控制时间。

3. 使用635法应遵循以下四点原则

(1)自由畅想原则。

这项原则是头脑风暴的精髓,让小组成员放下惯性想法与思维定式,自由表达自己心中所想。不用担心自己提出的想法是否有用,也不必担心是否会被嘲笑。这个原则给参与者提供了一个自由发挥的空间,鼓励创新思维的产生。

(2)延迟评判原则。

此项原则不允许小组成员立即对他人所提出的想法观点进行评价,为的是给与会者提供自由表达的空间,保证良好的激励氛围。防止在一些实际上比较好的创意在刚

开始产生时因为他人的嘲笑或过早的评价而被扼杀在摇篮里。

（3）以量求质原则。

这个原则是延迟评价的进一步表现，以追求创意的数量为准则，而减少对他人的评判。因为目标规定为对创意数量的追求，所以参与者评价的意识就会相应的减弱。

（4）吸收他人创意原则。

这条原则要求参与者在吸收听取他人观点的基础上对自己的创意进行改善，提出建议，在这个过程中小组其他成员的想法会同时得到启发。如此反复，互相激发、互相综合最终会产生大量的创意观点和想法。

这种方法可以让设计者以传统的交流方式思考新的主题，将某种观念从熟悉的领域联想到新的领域，从而扩大设计思路，激发创造性思维，使思维更加活跃。

三、默写式头脑风暴法（635法）的应用案例

默写式头脑风暴法（635法）的卡片模板如下。

635法的记录表		
1a	1b	1c
2a	2b	2c
3a	3b	3c
4a	4b	4c
5a	5b	5c
6a	6b	6c

默写式头脑风暴训练法（635法）卡片模板

下图学生作品是默写式头脑风暴法练习。

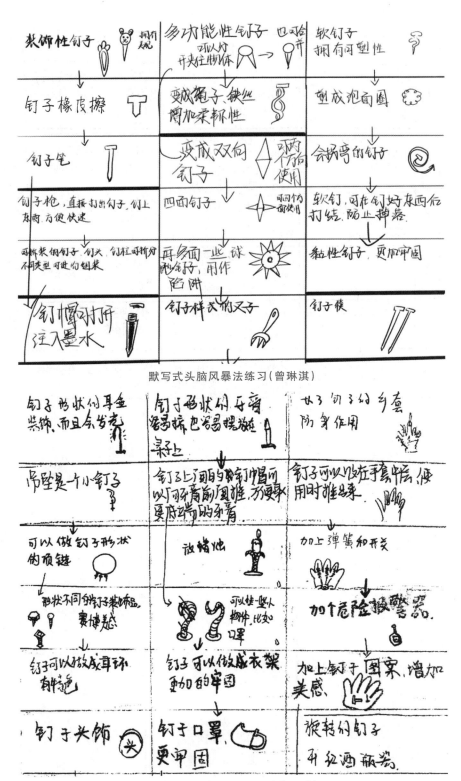

默写式头脑风暴法练习（曾琳淇）

默写式头脑风暴法练习（廖泽浩）

	A	B	C
1	钉子大多只能用一次，取下时就会坏掉，用一种便宜的钉子每次取下钉帽可以取下钉子循环使用	软钉，可以在钉好东面以后在中间打个结，预防掉落	圆头的钉子，防止钉子露出来刮伤皮肤，聚脂纤维
2	将钉帽做成易拆卸的形状，贴合牛角锤的结构	钉栓，用橡胶制成，在需要打钉子的物件上安装上用橡胶的钉口	会自动膨大的钉子，钉入后膨大有利于固定
3	有些粗纹外钉子钉入后不会裂小腔房，可重复使用	身体一定软性的钉子，钉子可以改变更加多变	智能钉，能够像人之智能那样
4		钉的形状分稠，非复钉子而是胶状，形状可无类	加入扫描芯数据联系科技，松落
5	摇控钉子+遥控器	钉子刷可以做成电动钉子牙刷	给钉子加入芯片，可以为人类服务
6	摇控钉子把它做成软化的胶质样材料	软性钉子电动牙刷的可分成软毛、硬毛，为不同的人服务	做成U型钉子，可以储存数据

默写式头脑风暴法练习（王艺蒙）

钉子常常因为容易锤歪，不能笔直地钉进去，既不美观也容易伤人，可以做一种钉头较软的钉子	用钉子装饰包	做镜框
钉子保护壳 ↓	玻璃钉子装饰画，变成ins风	软钉子弯曲变成可悬挂的钩子
钉子风铃 ↓	金钉子们把手，以保自己和坏人	钉子弯曲变成市场挂肉的钩子
钉子美甲 ↓	钉子猫眼 ↓	钉子还可以挂牛鼻和猪鼻
钉子风车 ↓	钉子锤防身 ↓	钉子插头，走向巅峰 ↓
钉子风车可折叠，功能风车	钉子功能防身垂可折叠，便携端	改成可折叠插头

默写式头脑风暴法练习①（学生作品）

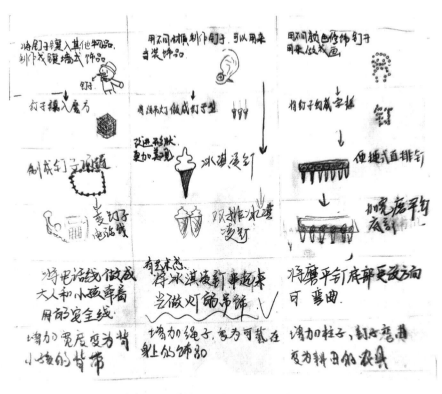

默写式头脑风暴法练习②（学生作品）

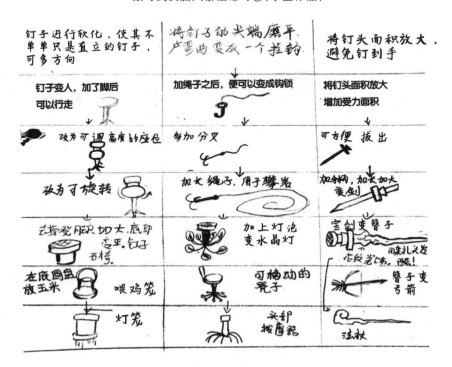

默写式头脑风暴法练习③（学生作品）

第三节　信息顿悟法

一、列举属性法

1. 什么是列举属性法

列举属性法又称特性列举法，它是美国尼布拉斯加大学的克劳福德（Robert Crawford）教授在20世纪30年代初提出的一种著名的创意思维策略。此方法需要使用者在设计的过程中将设计对象的各种属性或特性一一列出，然后进一步整理分析，从而针对每项属性或特性提出改良或创新的设想方案。

2. 列举属性法的实施步骤

步骤一：通常将设计对象的属性分为名词、形容词、动词三个类型。其中名词属性一般包含部件、材料、制造方法等；形容词属性可指设计对象的性质、状态等；动词属性则往往反映对象的功能、作用等。以下我们以杯子为例进行说明：

名词属性	部件	杯身、杯口、杯柄、杯盖、杯底
	材料	陶瓷、玻璃、金属、塑料、木头……
	制作方法	手捏、铸造、冲压、浇注、雕刻……
形容词属性	颜色	白色、蓝色、透明色、金属色……
	形状	圆形、方形、异形……
	性质	轻、重、厚、薄
动词属性	功能	存水、喝水、倒水、装饰

杯子的属性列表

步骤二：尽可能多而详细地列举了设计对象的三大类属性之后，我们便可以考虑每个属性点改变或创新的可能性，从而提出新的设计方案。

3. 列举属性法的应用案例

下面学生作品是列举属性法课堂练习。

第三章　创意思维的方法

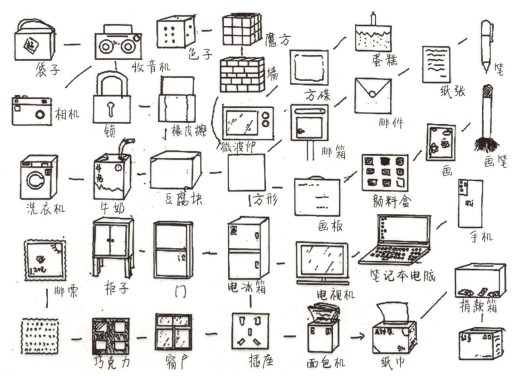

列举属性法课堂练习（黄宁飞）

《立方体可视图信息列举》列举属性法练习（沙金胜）

二、目的发想法

1. 什么是目的发想法

目的发想法是一种有目的、有逻辑、有方向的发散思维方法。简而言之，此种方法主要通过使用者了解并分析设计对象的功能，结合明确的目标和方法，系统化地推动创意发散。

2. 目的发想法的实施步骤

步骤一：我们要考虑设计对象的目的，即它本身的功能。例如一个水杯在大家认知中最常见的功能是让使用者喝水。

步骤二：我们可以通过将设计对象本身的功能作为目的和手段，再去思考其上一级的目的与下一级的目的，这里我们需要注意利用目的发想法分析对象时，目的和手段是重叠的，我们可以通过制作功能展开图来明确各级的目的和手段。

例如，一个使用者用于喝水的水杯其上一级的目的是让使用者补充水分，缓解口渴的感觉，从而让身体感到舒适；而下一级的目的同时也是手段，可以是通过水杯盛放适合温度的水，并方便使用者喝。那在我们分析到这一步时，其实就可以发现关于这一设计对象的可创新点，比如作为一个水杯除了用于喝水，为人体补充水分的基本功能外是否还可以有从视觉外观上令人产生愉悦心情的装饰性或趣味性设计呢？另外，为了更好地达到水杯用于喝水的目的，我们可以思考更多便于人们喝水的手段，例如让水保持在适于入口的温度，或是在水杯的造型上设计得更方便人们拿取，杯子口沿处设计得更贴合嘴部等。

适用对象	上一级目的		目的	
	本身功能		手段	目的
	下一级目的		手段	手段

功能展开图

步骤三：当我们绘制出功能展开图，明确了设计对象的上下级目的关系后，我们还可以整理出一张目的手段系统图，从而决定具体的行动手段。当然，除了像水杯这样具体的设计产品对象，目的发想法还适用于许多具体的事件性问题的思考与解决，我们可以通过此种设计思维方法，明确事物的最终目的，逐层整理并罗列出事物的目的和手段，直至最后分析出切实可行的具体手段或设计创新点。

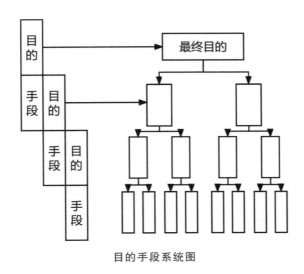

目的手段系统图

三、分类分析法

1. 什么是分类分析法

当我们想要较为全面地思考一个设计对象时,便可以采用分类分析法,列出与设计对象相关联的各种类别下的关键点,分析并从中找出进一步优化的设计方案。

2. 分类分析法的实施步骤

步骤一:罗列设计对象的关键点。我们依然以水杯为例,由于它与人的密切关系,所以我们在罗列关键点时可以主要分为从物的角度和从使用者的角度来分析,例如水杯的功能、制作材料、尺寸、形态、制作成本、使用者年龄、使用地点、使用姿势、使用目的等。

步骤二:根据列出的所有分类,一一罗列出属于每一类的关键词。例如按照水杯的使用目的来分类,就可以分成茶杯、酒杯、咖啡杯、果汁杯等;按使用地点来分类则通常可以大致分为室内用杯和室外便携式杯两种。

步骤三:通过我们对于设计对象的各种类别的分析,挖掘出更多的需求,从而进一步优化改善设计,提出更多新的方案。

四、创造思考的流程图法(Flow Chart)

1. 什么是创造思考的流程图法(Flow Chart)

简而言之,创造思考的流程图就是将头脑中的想法按照一定的流程归纳整理,从而逐步分析出创意点。此方法主要分为思考的框架和思考的技巧两方面,思考的框架指的是设计对象的各种相关要素,而思考的技巧指的是我们可以对思考框架中罗列的各个要素进行分析,然后导出全新的设计创意想法。

2. 创造思考的流程图法的实施步骤

步骤一：首先写出设计对象在各个层面的相关要素，作为思考的框架。我们可以从空间、时间、用户属性等角度去罗列。

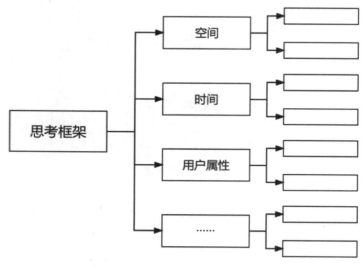

思考的框架图

步骤二：整理出关于设计对象的各种要素之后，我们便可以通过"思考的技巧"进一步分析，从而得到新的创意点。这里的技巧可以结合以下15个"思想的关键词"去思考，它们分别是堆积、补充（附加）、归纳、连接、交织（组合配合）、分开、除去、挤入（筛选）、逆向、挪动（错位）、调换（替换/代用）、扩展（展开）、绕远、玩耍、返回到根本。

五、缺点列举法

1. 什么是缺点列举法？

顾名思义，缺点列举法就是通过列举设计对象的缺点和不足，从而找出可以改进的方向，并提出相应的解决方法或制定革新方案，继而完善设计对象。

2. 缺点列举法的实施步骤

步骤一：明确设计对象，这里我们需要注意设计主体不宜过大，最好具体而精确。若设计对象范围较大，则需要进行分解，再针对对象的局部进行研究分析。

步骤二：将问题分为若干层次，对设计对象进行系统分析。

步骤三：详细列出每个层次中的具体缺点，发散思维，将缺点书写在纸上，并对其进行编号排列。

步骤四：可结合635法等方法对主要缺点提出改进方案。

第四节　信息组合法

一、象限分析法

1. 什么是象限分析法

象限分析法又可以称为"产品属性分析""形象分析图""市场分析图"等，同时，它也是我们在产品的调查和开发阶段使用较多的方法。此种方法主要是通过制作一张象限分析图，清晰明了地分析并展示设计对象所具有的某些特质，从而明确设计对象的现状，发现设计创新点。

2. 象限分析法的实施步骤

步骤一：尽可能多地收集设计对象的相关资料，并将设计对象的图片样板打印或剪切下来。

步骤二：在纸上绘制一个象限分析轴，一般可选用两轴，然后再根据个人的设计需要在分析轴的轴端标上关键词。以壮锦服饰为例，关键词可以为现代/传统、平价/贵价、实用/装饰、简单/复杂……每一对的两个词分别置于分析轴的两端。另外，我们还需要在轴上标出箭头，指明强弱程度。

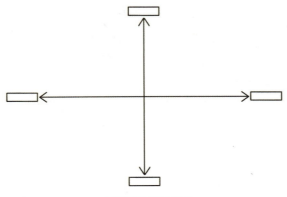

两轴分析图示例

步骤三：之后我们便可以将所有整理出的设计对象样本放到分析图的对应位置，确定好相互关系之后我们便可以将其贴上，象限分析图就制作完成了。

二、意念衍生矩阵法

1. 什么是意念衍生矩阵法

意念衍生矩阵法是一种经常用于拓展思路、系统地促进新创意衍生的设计思维方法。这种方法主要通过绘制一个包含设计应用和相关设计要素的矩阵图,将不同的应用与要素进行组合,从而产生新的设计思路和创意。

在意念衍生矩阵法中,设计者通常将设计应用和设计要素列在矩阵的行和列上,然后通过填充矩阵格子内的信息,探索不同应用与要素之间的关联和可能性。这种方法有助于设计者系统地思考各种组合,并从中挖掘出新的设计概念和方向。

2. 意念衍生矩阵法的实施步骤

步骤一:在绘制意念衍生矩阵时,我们先要罗列出设计应用栏上的各种应用设计模式,例如模仿、类推、组合、转变、改良、发明等,然后我们还需要列出设计要素栏上的各种相关设计点,例如概念、结构、尺寸、形状、功能、性能、材料、能源、成本等,这里我们可以根据自身的设计需要来设定这一栏的内容。

设计应用	设计要素									
	概念	结构	尺寸	形状	功能	性能	材料	能源	成本	……
模仿										
类推										
组合										
转变										
改良										
发明										
……										

矩阵图样本

步骤二:绘制好基本的意念衍生矩阵后,我们便可以在此基础上将不同的设计应用模式和设计要素相结合,产生更多新的想法。在矩阵图中我们需要在可能的组合方格上做出标记,例如组合和功能相交的方格,等等。

步骤三:根据在矩阵图上的标记,我们再进一步思考不同的组合可以产生怎样的设计方向,从而得到具体的设计方案。

三、KJ法

1. 什么是KJ法

KJ法是一种用于大量收集并归纳整合问题的方法,又称为亲和图法,因为此种方法的关键在于广泛记录关于设计对象的相关想法、问题等文字资料后,需要将所有收集记录的信息按亲和性归纳整理,从而将其中的问题更好地分类,继而提出解决问题的办法,明确下一步需要做的事情。这种方法无论是对于个人的思考,还是集体团队的讨论分析都有着很多益处,它可以让我们从复杂的问题现象中通过对其相互间的关系分类逐渐整理出思路,这种方法有利于打破现状,切实解决问题,培养我们的发散性思维与逻辑性思维。

2. KJ法的实施步骤

步骤一：准备尽可能多的小纸片，然后在每一张纸上写下对于设计对象的想法和认为其存在的问题等。如果是针对一个设计产品的改进进行探讨，我们则可以写下能想到的该产品的所有优缺点，尤其是缺点，可以从多方面去思考其现有的问题，尽量具体、全面。

步骤二：对这些纸片进行分类整理。首先按其中内容的相似程度将纸片分为不同的小组，并给它们取适当的小标题，这里需要注意哪怕是一张纸片也可以自成一组；其次，把相关联的小组放在一起，组成一个中组，并为其设定相应的中组标题；最后，把相关联的中组放在一起，组成一个大组，为其总结一个大组标题。

步骤三：分类整理好所有小纸片后，将它们按照组别固定在一张大纸上，并将每一组用笔画线圈起，标注好每一组的标题，然后用不同的记号表示组与组之间的关系。

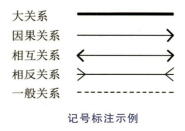

记号标注示例

步骤四：通过整理上述纸片得出一张完整的思路图，根据思路图进一步分析得到解决问题的各种设想与方案。

第五节　类比适合法

一、仿生学法

1. 什么是仿生学法

仿生学法是设计中常用的一种从生物界中获取创造灵感的方法，主要是通过选取自然界中的各种生物，了解并提取其形态、功能、结构、原理等特征进行模仿与类比性设计探索。作为设计者，我们可以从自然界的许多方面去挖掘可用于设计对象的内容，对其中所选取的元素和内容进行再解读，将自然生态的造型、现象等进行全新的设计演绎。

2. 仿生学法的实施步骤

步骤一：了解与研究自然界中生物的生态内容和结构，对可探讨的生物进行各方面的内容分析，比如它的构成结构、自然形态特征等。

步骤二：提取所借鉴的生物元素中可用于设计对象的内容，并以此为基础做设计推进，把所研究的生物相关内容注入设计对象中。例如，参考鸟巢的结构设计的建筑样式，借鉴自然界中各种花草造型设计的家具产品，运用海豚的水下回音定位原理发明的声呐，等等。

步骤三：在运用生物的各种特性进行设计推进的过程中，我们可以制作模仿模型，进而深入细化设计方案，并对设计的可行性进行具体的分析和实践。

二、NM法

1. 什么是NM法

NM法是一种借用类比关系把感性知识转化为理性知识从而产生新观念的创造学方法，由日本学者中山正和提出。NM系中山的英文缩写，故也称中山法。中山正和将我们大脑中的感性知识看成"点的记忆"，把理性知识看作"线的记忆"，而我们运用类比方法给予转化，便可产生大量新的创意和想法。简而言之，NM法的关键是将设计对象的关键词提炼出来，然后从其他物件中获得启发，再一步步地进行逻辑推理，得到可行的设计方案。

2. NM法的实施步骤

步骤一：将设计对象抽象化，即找出设计对象所要达到的目标的一些关键词，来表达我们需要解决的设计问题的本质。例如我们的设计对象是一款可以提醒人们时间的室内装饰物，那关键词则可以为"听到""可见""告知""感觉""装饰"等。

步骤二：针对关键词，写出每一个关键词下可以联想到的任何相关事物，这一步也称为"问题类推"（Question Analogy，QA），我们可以将思维暂时跳出设计对象，进行更自由的发想。例如，根据"听到"这一关键词，我们可以想到"语音""闹铃""响声"等，然后尽可能多地将想到的关联词汇写出来。

步骤三：思考上一步写下的所有关联词汇，它们的起因是什么，它们是什么东西，是如何形成的，这称为"问题背景"（Question Background，QB）。例如，QA为"语音"，那QB则可以为"录音""说话"等。

步骤四：通过罗列问题背景，可以得到关于研究对象设计推进的想法，这一步称为"问题构想"（Question Conception）。我们应该在这一步中尽可能多地提出方案，进而在之后的方案筛选中找出最可行的设计方案。

步骤五：进一步整理、分析、讨论所有问题构想，这一步我们也可以结合KJ法来进行，更好地梳理出众多构想中的金点子。

三、构造法

1. 什么是构造法

产品的构造是指产品的各个组成部分的安排、组织和相互关系，而构造法则是指通过仔细分析设计对象的各个组件，尝试不同的构成方式，满足使用需求，赋予设计对象不同的形态特征或功能结构。

2. 构造法的实施步骤

步骤一:将设计对象的不同构成零件尽可能详细而全面地列出。

步骤二:零件的组合、拆分、不同位置的放置都可以构成设计对象的不同形态和功能需求,我们可以结合模型制作的方式对设计对象的不同构造形态进行进一步分析。

步骤三:另外,我们还可以针对每一个部分的零件进行设计构想,挖掘设计对象每一个部件可以具有的功能和形态,进而不断完善对象的外观设计并更好地满足使用需求。

第六节　创意收集法

一、奥斯本检核表法

亚历克斯·奥斯本(Alex F. Osborn)是美国创造学和创新工程之父。1941年他出版了世界第一部创新学专著《创造性想象》,基于此书的研究,美国创造工程研究所编制了新创意检核用表,供人们用以启发思路和收集创意。这种创意收集的方法,后被称为奥斯本检核表法。

1. 什么是奥斯本检核表法

奥斯本检核表法常用于新产品的创意开发阶段,针对某种特定的需求制定表格从九个方面引导人们思考相关问题,激发创作者灵感、开拓想象力,帮助人们进行创意收集。

这九个方面的提问如下。

(1)能否他用:被检核对象是否有其他用途?稍作改变后,能否产生别的用途?

(2)能否借用:能否借助别的物品增加被检核对象的功能?是否有跨界产品的设计思路可供模仿?

(3)能否改变:被检核对象的现有元素能否改变?如果造型、材质、颜色、功能、气味、推广方式做出改变,会产生什么效果?

(4)能否扩大:被检核对象的比例、容积、长度、宽度、应用范围能否扩大?扩大后会产生什么影响?

(5)能否缩小:被检核对象的比例、容积、重量、应用范围、投入成本能否缩小?

(6)能否代用:被检核对象可否由别的材质、零件、能源替代?可否用别的方法、技术、工艺替代?可否替换应用场景和使用群体?

(7)能否调整:被检核对象能否调整结构、元件?能否调整排列、位置方式?能否调整运行速度、使用时长?

(8)能否颠倒：被检核对象的上下、左右、前后结构是否可以对调位置？表里、正反是否可以对调位置？

(9)能否组合：被检核对象能否与其他物品或内容组合？能否把多个部件整合成一个？组合后能否成为一个合理的新系统？

2. 奥斯本检核表法的实施步骤

第一，分析目标对象的构成要素，罗列出需要解决的问题。

第二，根据分析结果，参照检核表中提出的九大问题，逐条讨论，大胆想象，写出新的创意。

第三，对写出的新创意进行评估和筛选，保留最具新意和最有价值的想法。

3. 奥斯本检核表法的应用案例

以网球拍的创新设计为例，利用奥斯本检核表法的九个问题，提出创意。

奥斯本检核表法的创意案例（网球拍创新设计）

序号	检核项目	创意	
		创意产品	创意概述
1	能否他用	除尘网拍	将网球拍做轻质化处理，在晒被子时可用作除尘拍
2	能否借用	电蚊拍	将电力赋能网球拍，使其具有灭蚊功能
3	能否改变	个性化网球拍	根据用户需求提供定制服务，改变网球拍的网面图案和握柄造型
4	能否扩大	网球拍形状的雕塑	将网球拍放大很多倍，使其成为雕塑作品，用于体育公园的艺术展示
5	能否缩小	网球拍形状的项链	将网球拍缩小很多倍，作为项链吊坠，提供给球迷作为纪念品
6	能否代用	碳纤维网球拍	用碳纤维材质替代网球拍上的传统木质、铁质材料，使网球拍轻巧又耐用
7	能否调整	网球拍十字绣	把旧网球拍改造成十字绣的绷子，做成十字绣工艺品
8	能否颠倒	玩具琵琶	将球拍重新设计，增加琴弦，做成玩具琵琶
9	能否组合	音乐网球拍	将蓝牙音箱与网球拍进行组合，做成音乐网球拍，增加练球时的乐趣

二、和田十二法

1. 什么是和田十二法

和田十二法，是我国学者许立言、张福奎在奥斯本检核表法的基础上，进一步创新的设计思维方法。和田十二法是指人们要创造一个新事物时，可以从十二个维度开阔思路，它能使僵化的思维变得灵活，可以激发人们的灵感，帮助创作者收集创意。

使用和田十二法的要义在于对十二个动词的深入理解,即是从"加、减、扩、缩、变、改、联、学、代、搬、反、定"这十二个方面去转变思维方式,探寻问题的解决方案。

2.和田十二法的实施步骤

以下是关于牛肉风味方便面产品创新设计案例,可以帮助大家了解如何用和田十二法来进行创意收集。

和田十二法的创意案例(牛肉风味方便面产品创新设计)

序号	思维技法	创意产品	创意概述
1	加	老坛酸菜牛肉面	增加酸菜特殊风味,使产品与众不同
2	减	非油炸方便面	减少油脂含量,使产品更健康
3	扩	双面饼方便面	大分量,更适合体力劳动者充饥
4	缩	轻体方便面	分量减半,适合减脂瘦身人群解馋
5	变	牛肉方便粉丝	面条变粉丝,更适合南方食客
6	改	碗装方便面	袋装改碗装,吃面还送碗
7	联	游戏联名方便面	与网络游戏联名出品可抽奖的方便面,促进销售
8	学	自热方便面	学习自热米饭工艺,让方便面随时可加热来吃
9	代	牛肉魔芋面	魔芋代替面,好吃不怕胖
10	搬	积木方便面	搬用乐高设计理念,使面中的蔬菜干可以当积木玩
11	反	高级和牛方便面	打破方便面廉价速食品的定位,使用名贵食材
12	定	婴儿营养方便面	全新产品定位,特供给1岁婴儿的营养辅食

第七节 形态创意法

一、形态分析法

1.什么是形态分析法

形态分析法是由美籍瑞士科学家茨维基创立。1942年,茨维基在火箭研制开发的过程中,对数学中的排列组合原理应用进行设计,在短短的一周内就探究了576种制造火箭的创意方案。后来许多设计师纷纷效仿,将形态分析法应用于各类产品设计中,效果甚佳。因素和形态是形态分析法应用中的两个重要概念。

(1)因素。

因素是指构成某个事物的性能指标或部件元素。例如,一台电脑的构成因素包括内存、运行速度、分辨率等性能指标,也包括键盘、鼠标、屏幕、显卡等部件元素。

(2) 形态。

形态指事物存在的样貌，或在一定条件下的表现形式。例如，螺旋形楼梯、液态蛋糕等是对物体样貌的描述。经济形态、社会形态等是事物在一定条件下的表现形式。

2. 形态分析法的实施步骤

(1) 因素分析：把创意对象的性能指标和部件元素进行结构分析，即因素分析。

(2) 排列：列举创意对象各因素可能实现的形态，即形态分析。

(3) 组合：列出创意对象所有因素形态的可能组合，组成数学上的形态矩阵。

(4) 评估筛选：对创意对象的新形态的可能组合进行分析和评估，筛选出可行的组合，再从筛选出的组合中评估出最具创意的答案。

3. 形态分析法的具体案例

以笔记本的创新设计为例，通过形态分析法，组合出新创意。

形态分析法的创意案例（笔记本创新设计）

形态因素	基础造型	纸张材质	封面工艺	开本大小
1	矩形	木浆纸	凹凸压印	8开
2	三角形	棉浆纸	覆膜	16开
3	圆形	铜版纸	色箔烫印	32开
4	异形	羊皮纸	UV上光	64开

通过笔记本设计形态分析法矩阵可以发现，对笔记本的因素排列和形态组合后，可以得到 4×4×4×4=256 种设计方案。我们可以基于这256种方案，选取其中任一种进行创意设计。

二、形态设计法

1. 什么是形态设计法

学习形态设计是为了达到掌握形态本质与创造新形态的目的。在生活中，发现和体验形态的本质和象征意义，对于设计师来说是非常重要的灵感来源和创意方法。形态设计的注意事项如下：

第一，理解随着观察视角的变化，事物的形象也会发生变化。

第二，系统地看待事物，观察其外观时也要探究其内在的构成。

第三，保持好奇心，在新的尝试中探索出新的创意。

第四，不要局限于源对象的基础属性，而是在它的基础上建立新的形态组合，摆脱原有模式的束缚，获得更多全新的创意。

2. 形态设计法的实施步骤

(1) 边做边思考。

在实践中思考，根据情况适时调整制作手段，对于形态设计来说非常重要。

边做边思考需要调动立体思维,跳出点、线、面的限制,有意识地从各个方向去考虑问题,有利于打破常规,得出新的创意与经验。

(2)制作草模。

进行形态设计时,三维草模的制作可以帮助创作者直观地感受创意对象各元素之间的关系、创意对象与空间的关系,以及不同形态的组合对创意对象产生的影响。

制作草模的大致流程:

① 使用不同的材料来制作速成模型,将创意思路转化成现实的草模。

② 增加更多不同形态组合的草模,再基于形态分析法去评估筛选它们。

③ 通过多轮评估筛选出最具创意的结果。

通过二维草图设计再推进到三维草模制作,即能从平面、立面、剖面多视角地观察设计的比例、构造、功能各形态的关系。同时,制作立体草模可以直观地感受各种形体的组合,了解形体与空间的关系。三维草模一般控制在30立方米。

3. 形态设计法的应用案例

设计作品"桂"意耳环,在材质上使用的黄水晶的清雅清新、通透、水亮,这样的特点与桂花有相通之处。黄水晶是水晶界的"小财迷",给人一种尊贵(桂)的感觉。独秀峰与环绕着的桂花相结合,有着桂花十里飘香的意味,更有仕途顺遂、飞黄腾达的寓意。

"桂"意耳环(黄筠茜)

慎思笃行
▼

第四届中国设计大展及公共艺术专题展

本章小结　本章对创意思维的方法进行梳理,学生学习后可以更好地理解和应用创意思维,为解决设计问题和创造创新方案打好基础。通过本章的学习,学生能够提高问题思考能力,探索创意发展的路径,从而推动创新和改进。他们还将具备适应不同情境和需求的能力,能够更好地面对设计和创新挑战,实现各种目标和价值。

课后实训

根据本章的学习目标,解释创意思维的方法对学生的知识、能力和素养目标有哪些影响,以及如何帮助他们应对设计和创新挑战。

第四章
创意设计的表现

本章概要

本章通过若干个练习来表现创意设计,同时在创意设计的练习中体现创意思维对设计的帮助和影响。本章将分享一些在各种表现形式下可采取的不同思维方式与设计方法,同时列举一些优秀的创意思维作品,并进行梳理,以便学生在各种情境中,可以根据自身的需求进行灵活的选择和运用,进而实现设计的目标和价值。

学习目标

1. 知识目标:帮助学生将前面所学的创意思维的方法通过实践,按照由浅入深、由单一到系统等顺序进行巩固和训练,使学生掌握日常观察与记录、由具象到抽象的图形联想、同构图形、共生图形的联想等设计方法,展开设计实践。

2. 能力目标:让学生将前面所学的创意思维的方法运用在实际练习中,在训练中加强巩固创意思维,使学生在进行设计实践时多一些创作思路,在生活实践中能够运用不同的视角观察事物,开拓思路,学会创新。同时,培养学生运用创意思维完成设计、提升解决实际问题的能力,以及学生的思考能力、分析能力、综合能力等。

3. 素养目标:以创意思维为基石,以提升审美为导向,并以实际应用为最终目标,旨在培养学生独立的思考方式和创造性的思维,同时也要培养他们的创新意识和良好的职业道德;引导学生进行有意义的探索和创造,在发现问题、解决问题的过程中提升创造力,形成创造性人格特征,并且通过团队的协作和任务的共同承担,有效地提高学生的交流能力,培养团队合作精神;注重对学生创新能力和创造能力的训练和引导,使其具备一定的动手操作能力,并在此基础上培养学生的创意思维。我们鼓励学生在课堂内外的各种活动中融入一些关于创意思维的内容。

知识导图

章节要点

创意思维的训练内容和顺序，注意日常观察与记录；由具象到抽象的图形联想设计训练；同构图形训练；共生图形训练以及地域图形拓展训练。

案例导入

本章案例以桂林旅游学院数字媒体艺术专业陆金花同学的作品《APOLLO》为导入。该设计对APOLLO（阿波罗）进行了一个形象的置换，采用了中西结合的方式，将APOLLO这样一个西方的形象与中国传统京剧中的脸谱相结合，使得设计兼具国际化和民族化的特点。设计灵感来自京剧的变脸以及近几年很流行的国潮风，整体的设计手法是采用图像处理的方式将京剧里的生、旦、净、丑结合APOLLO的脸部进行了分割和置换，还对画面的背景做了一个与整体风格相呼应的简单排版设计。

通过这种设计练习，学生学会了将中国特有的视觉形象运用现代化的设计语言表达出来，在与国际接轨的同时，弘扬中国传统文化。国际化元素的过度使用，必将会冲击民族元素，设计不仅是为了满足国际化的需求，还要承载许多的民族文化。因此，在追求国际化的目标之时，只有不忘本民族的文化特点，对民族文化进行宣传，探讨将民族化与国际化整合的设计方式，才能共同探索出一条有利于各国设计发展的道路。

陆金花作品《APOLLO》

第一节　日常观察与记录

一、训练目的

艺术设计源于生活,一个优秀的艺术设计师一定是对生活有所感悟、有所理解的,脱离了生活感悟的作品,就像一个没有灵魂的躯壳,无论外表如何华丽,核心依旧是空洞的。这就要求我们作为设计师要具备一双发现美的眼睛和一双能记录美的手,从日常生活中去发现好的作品。

二、训练方法

1. 学会观察并记录生活中的好作品

观察需要我们对生活中的物件外表起伏与肌理或内部结构进行形态记录,记录则可以使用线条造型，结合多种绘画媒介进行手绘记录。通过大量的观察练习，逐步培养美学思维和画面意识，在记录的过程中可以使用文字记录下观察过程中的各种感受与细节，以此积累属于自己的创作素材。

2. 生活中的字母

我们的生活中就存在着创意设计的宝库，以那些在我们生活当中无处不在的字母、汉字为例。我们只需要在日常生活中多加观察和记录，就能积累到大量的创作素材。

文字和字母的出现标志着人类社会开始进入到文明时期。我们的生活中存在着形形色色的汉字，汉字凝结着中国独有的形象和美学思想。从三千多年前的甲骨文开始，汉字的形态、结构有了很大的变化，形成了各自独特的艺术特色。在历史演变过程中，汉字成了中国特有的美学符号。从大篆的线条匀称而有力度、小篆的协调柔美而严谨，到隶书的工整典雅、行书的欢快流畅、草书的飘逸潇洒、宋版木刻书的宋体、国民时期的铅印字体、照排字体到现今的电脑字体，汉字在每一时期的每一种形体都充分体现了其造型上的独特表现力，这成了设计师不可多得的宝库。

与中国文字相比，拉丁字母从形式上来讲更为抽象和对称，这种对称性也为后来字母的不断演变创造了有利条件，例如在多媒体图像设计中，设计人员可以通过匹配文本中相应场景的声音和光线效果，将文字从读取级别扩展到视觉和听力级别，以便观众直观感受到文字在视觉上和听觉上的强大魅力。文字也可以根据想象、地区、国家等的差异来体现，这也表明，巧妙地使用字体可以传达不同的情绪。

从当代设计领域视角来看，文本和字母是视觉交流和设计的重要元素之一。在平面设计当中，设计师通过对文字、图形和色彩的相互作用，让受众更深刻地去理解作品，从而产生情感上的共鸣。字母不仅是传播语言的单一媒介，而且还具有表达思想的作用，它可以使读者在阅读中识别内容，达到信息传递的目的。

在图形设计中，字母的应用是图形设计的核心组成。字母的不同表达形式表现出差异的传感效果，它们的大小、结构、字体和布置方法的转换和应用，在结合了其他元素的情况下不断变化。字母在图形设计中位置的变化和虚实的呈现效果也是可以不断变化的，可以有规律地进行排列，也可以无序地排列，最终达到设计师想要的效果。

下面学生作品是日常观察与记录。

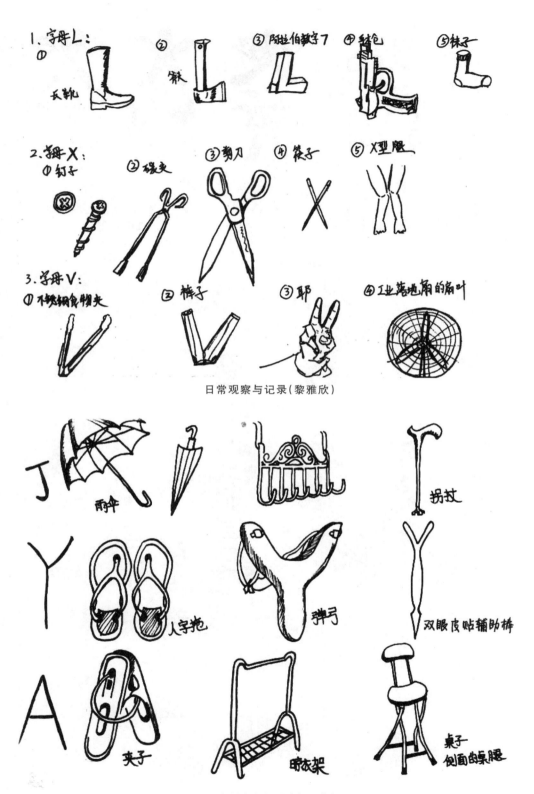

日常观察与记录（黎雅欣）

日常观察与记录（宁乙蔓）

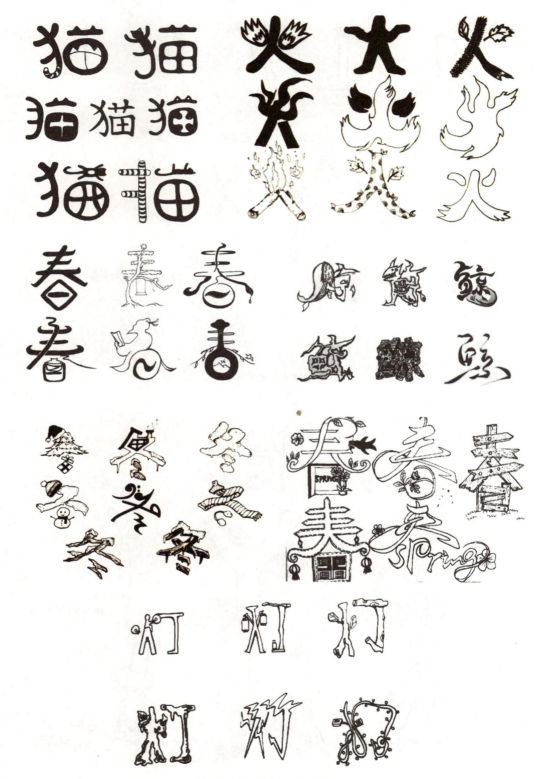

日常观察与记录(学生作品)

第二节　具象图形联想

一、训练目的

具象图形联想，又称为形象联想，指的是通过观察物体形态而引发与之相似形态的物象联想，这种联想主要是通过观察物体的形状来激发的。每个人对物体和形状的理解都有所不同，因此所产生的联想也各不相同。这是一种最基本和普遍的联想方式，它源于人们对物体的观察和感性认知。例如，飞机的设计灵感来自人对鸟类飞行的详细研究和模仿，飞机是人根据鸟类飞行的原理创造出来的。具象图形联想在多个艺术设计领域都有广泛的应用，包括平面设计、产品设计、工业设计、服装设计等，尤其在标识设计中，这种方法被广泛应用。

具象图形联想训练可以提升学生观察事物的能力，以及学生提炼事物的形象特征和内在特质等元素的能力，为具体的设计提供内容。同时开拓学生的思路，提升学生创新能力。

二、训练方法

在进行具象图形联想的训练时，首先应该从物体的外形出发，然后考虑使用其他与之形状类似的图形或物体来替代。此外，还可以考虑色彩、纹理等视觉元素，并进行联想。在进行联想时，最简单且常用的方法是从基本的几何结构出发，首先确定一个整体的形态取向，然后逐步进行调整，使联想图形更加丰富。这个过程中可以由简单到复杂，由整体到局部来进行。

1.训练题目1

分别以圆形、方形为基础进行思维发散和联想，并通过思维导图的形式呈现出来。运用比喻、夸张、借代、象征等方法进行图形表现，图形表意要切题、完整。

下面学生作品是具象图形联想练习。

具象图形联想练习①(学生作品)

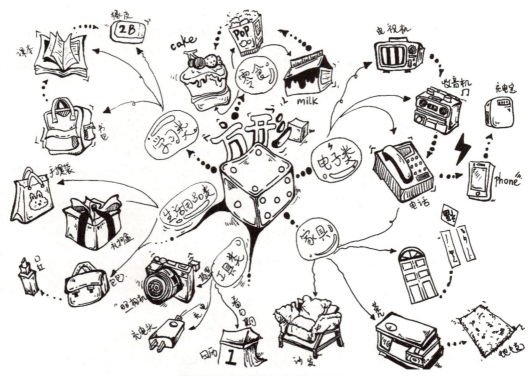

具象图形联想练习②(学生作品)

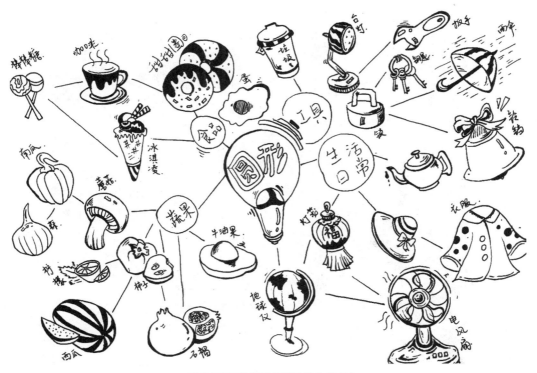

具象图形联想练习③(学生作品)

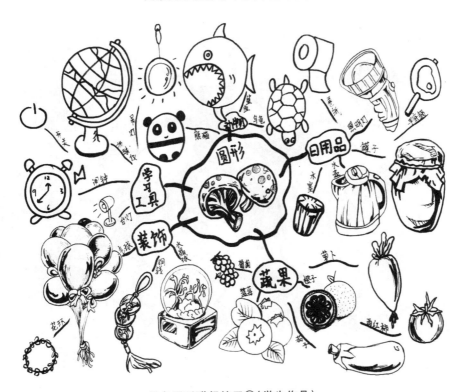

具象图形联想练习④(学生作品)

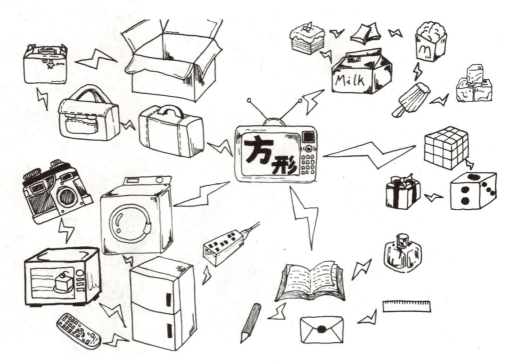

具象图形联想练习⑤(学生作品)

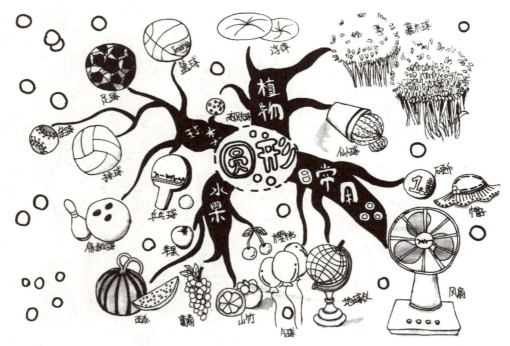

具象图形联想练习⑥(学生作品)

2. 训练题目2

以"汉字"(如猫、鱼、虎、蛇等)为题做创意图形设计。运用比喻、夸张、借代、象征等方法进行图形表现,找到汉字与图形之间的共同点,图形表意要切题、完整。

下面学生作品是具象图形联想练习。

具象图形联想练习⑦(学生作品)

具象图形联想练习⑧(学生作品)

具象图形联想练习⑨（学生作品）

具象图形联想练习⑩（学生作品）

具象图形联想练习⑪（学生作品）

具象图形联想练习⑫（学生作品）

第三节　抽象图形联想

一、训练目的

抽象图形联想，又称为概念联想或意象联想，是一种通过逻辑推演对联想思维内容进行抽象变形的思维活动。这种联想方法涉及人们对事物的认识以及与之相关的文字或语言表达。具体而言，抽象图形联想描述了一种思维过程，即设计师运用逻辑工具对思维和记忆进行处理，将具体的客观对象转化为抽象概念的过程。这种方法是一种理解事物的方式，不是直接描绘具体对象，而是通过概念联想将对象整合转化为反映客观现象或本质的事物或思想。

举个例子来更好地理解概念联想：当我们提到交通工具这个概念时，可能首先会想到汽车、自行车、飞机等具体的交通工具，这些都是不同的具体事物。然后，通过概念联想，我们意识到这些物体有一个共同点：它们都是交通工具，这个"交通工具"变成了一个抽象而整体的概念，代表了所有不同种类的交通工具。接下来，我们可以进一步联想，将"交通工具"与其他相关概念联系起来，例如，交通规则、交通堵塞、环保交通等。通过概念联想，我们可以将不同的具体交通工具联系在一起，进行分类，同时也可以扩展思维，思考与交通相关的其他概念。这样一来，我们的理解方式、思维和设计就会变得更加丰富和深刻。

抽象图形联想的训练不仅可以锻炼学生们观察事物、发现事物之间联系的能力，提升对概念的转化能力，还能起到拓宽其思路，完善思维方式的作用。

二、训练方法

在进行抽象图形联想的训练时,可以从物体的外形特征、内在含义、概念来源等角度出发,考虑这些元素与其他事物的联系,然后将这种联系用视觉语言表现出来。

1. 训练题目1

以"桂林"代表性文化图形为设计元素进行联想,设计"桂林"主题的文创设计。选择有特点的、寓意好的、与"桂林"相关的优美图形作为抽象图形联想的元素。图形设计优美,符合形式美法则,富于创意性,立意新颖。

以下作品是学生以"桂林"为主题的抽象图形联想练习。

抽象图形联想练习①(学生作品)

这幅作品以桂林龙脊梯田为参考元素,将梯田设计为少女的裙子。这幅画中,少女在梯田顶端,俯瞰世界,有蕴含一种希望的意思。崐,表示山相连的样子,在这里表示弯曲连绵的梯田相连,整幅作品立意新颖、内涵丰富。

抽象图形联想练习②(学生作品)

这件胸针作品采用了月亮的造型,将桂花洒落在月亮上。桂子月中落,天香云外,戴上胸针,浓浓的桂意就萦绕在你身边。桂花带有一丝独特甜蜜的幽香,醉在烟雨桂花中,赴一场繁华梦。

抽象图形联想练习③(学生作品)

这件挂件作品以银杏叶为主体,两面都有一个由山水变化而成的"福"字。此外,一面有一些壮锦花纹,另一面有一个象鼻山。两边吊挂的小银杏叶更加凸显出银杏的主体,下面的一朵大花是从壮锦花纹里提取出来的纹样,这些组合起来就成了一个富有桂林特色的挂件。

2. 训练题目2

以"梦想"为题进行抽象图形联想设计。要求立意新颖、内涵丰富、主题明确。构图优美,符合形式美法则。

以下作品是学生以"梦想"为主题的抽象图形联想练习。

抽象图形联想练习④(学生作品)

受古诗词的影响,作者从中不断地感受着山水之美,也体验到古人游玩的心情,更感受到"只有抵达才能感受到其壮美之处"。在灯塔上,感受群山的庞大和流水的歌声,听着流水的声音和画笔摩擦画板的声音,有节奏地将美景重现在画面上。

抽象图形联想练习⑤(学生作品)

设计图中展现一双燕子衔着橄榄枝,橄榄枝象征着和平,我们希望世界和平。翅膀、鲜花和草进行同构,象征着羽毛,希望世界和平,处处开满希望的花朵。

抽象图形联想练习⑥(学生作品)

大闹钟被小闹钟包围着,时针指向的每一个时间段代表着我们的梦想,儿时想当科学家,少年时想当老师,青年时想当画家等。但随着时间的流逝和受现实生活的影响,每一个梦想都在变化着,我们渐渐忘记了自己最初的梦想。那些时刻仿佛是我们曾经做过的一个个梦,梦里的我们很开心、很幸福,因为梦想实现了,可当旁边小小的闹钟响起的时候,梦醒了,最初的梦想也不复存在。

抽象图形联想练习⑦(学生作品)

作品以《梦想》为主题,展开想象,将高考比作梦想分配机,无数考生历经数以万计考试的锤炼,终于走到了长队的终点。"十年磨砺,今朝亮剑,虽千万人,吾亦往矣。"作品使用俯视角度,体现出画面的空间感及梦想抵达终点的艰难。尽管前路充满艰难险阻,希望每个人的梦想都能像带着翅膀装着录取通知书的快递箱一般,乘着风飞向成功。

第四节 同构图形训练

同构(Isomorphism)原为一个数学概念,在图形创意设计中,是指将现实中相关或不相关的元素形态进行组合,以会意的方式将元素的象征意义交叉形成复合性的传达意念。这种组合不是简单相加和罗列,而是以一定的手法将零散的元素整合为一个统一空间关系中的新元素,从视觉上看具有合理性,而从主观经验上看又是非现实存在的。这是一种创新的组合,组合的手法建立在对原型进行解构后发掘的可塑性研究上。

一、训练目的

在艺术设计领域,图形同构的概念表面上看似是将现有的视觉图像和图形符号按照特定的规则进行有序的组合和交织。然而,这样的组合和交织可能会产生与原始设计截然不同的全新形象,并赋予图形全新的含义。图形同构,其实就是一种将几个看似普通的图形,通过不同的组合方式来揭示事物的本质,并展现创作者对于人类、世界和宇宙的深入的哲学性思考。这就是设计作品中所表现出来的艺术效果和审美情趣。

本章节的训练目的在于理解同构图形的定义,掌握同构图形的形态分类,掌握置换同构、显异同构、超现实组合的创意设计方法。以此,让学生学会新的设计方法,使作品的关注度大大提高,同时给画面带来美学意义上的升华。

二、训练方法

通过置换同构、显异同构、超现实组合的训练让学生掌握同构图形的含义。

1. 置换同构训练

置换同构又称元素的替代,指在保持原型的基本特征上,物体中的某一部分被其他物体素材所替代的一种图形构造形式,从而产生具有新意的形象。

如何进行置换呢？好的置换效果一般要求用以替代的物体与被替代的原型部分一般在形态上存在一定的相似性,而在意义上具有差异性或对比性。

元素选择方法:形状相似、意义相关。

下面学生作品是置换同构练习。

置换同构练习(学生作品)

2. 显异同构训练

显异同构是将一个原型进行开启,显示出藏于其中的其他原型。显异同构中被开启的原型可以是现实中可开启的事物,也可以是不能割裂的事物,但通过图形想象中的分割裂变进行再创造,使它具有超现实的形态,并且与其他物体相比,更具有整合和融合的可能性。

下面学生作品是显异同构练习。

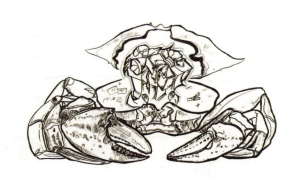

显异同构练习（学生作品）

3. 超现实组合——影子的创意训练

将现实中两个以上无必然联系、相互独立的元素根据一定目的打散重组，形成一个既保留多个原型特征又在新的结构关系下成为一体的图形形象。这种造型方式的难点在于要选择象征意义准确而联想新颖，并且组合结构自然合理的元素。

（1）异影同构训练。

异影同构以影子作为想象的着眼点，以对影子的改变来表情达意。影子可以是投影，也可以是水面倒影或镜中影像等。异影同构可以将事物在不同时间状态下的状态、事情的因果关系、事物的正反两面、事物的现象与本质等不同元素巧妙地组合在一起。

下面学生作品是异影同构练习。

异影同构练习（学生作品）

（2）影子的故事训练。

当我们只有影子陪伴时，通常会认为自己是孤独的、寂寞的，但是我们可以利用创意告诉人们，影子也有它们自己的故事。它们将真实与虚拟结合起来，创造出有趣的图案。将真实物体的阴影入画,再搭配上精心设计的线条,最终变成一个让人心动的场景。

影子的故事:离开与奔赴

(图片来源:百度图片。)

(3)影子的图形训练。

影子客观物体在光的作用下,产生异常的变化,呈现出与原物不同的对应物。Vincent Bal是一位比利时的导演,他的爱好是涂鸦,一次,他一边喝着咖啡一边埋头创作电影剧本,咖啡杯在灯光照射下产生了一个类似大象的影子,而这个影子吸引了他,于是他随手在影子上加了几笔,一头生动的大象就活灵活现。在影子下涂鸦的灵感让他重拾了儿时的绘画梦想,从此,他看到有影子的地方就忍不住加上几笔,就这样一幅幅生动有趣的影子涂鸦就诞生了,其中的创意更是让人耳目一新。

夹子与麋鹿

(图片来源:百度图片。)

小黄鸭与小偷

(图片来源:百度图片。)

第五节 共生图形训练

共生图形是指由两个以上图形共用形或线组合而成的新图形。创造共生图形的条件是多个图形的某部分必须是共用的,各独立图形你中有我、我中有你,互生互长。共生图形分为轮廓共生和正负形共生两种。

一、训练目的

图形作为一种简明而直观的视觉表达方式,在设计作品中占据了视觉焦点的位置。而共生图形,作为创意图形中的一种,其视觉效果既有趣又创意丰富。共生图形可以使原本枯燥、单调的画面变得生动有趣,能够吸引人们眼球,让人们产生强烈的感官刺激,从而引发共鸣,增强平面广告的传播效果。在平面广告领域,共生图形受到了广泛的欢迎,众多的创新设计都是利用共生图形来实现最佳视觉体验的。

本章节的训练目的在于理解共生图形的定义,掌握同构图形的形态分类,利用共生图形的创意方法进行图形创意设计。

二、训练方法

共生图形练习是利用共生图形里正负形的创意方法,进行图形创意设计。要求学生在使用正负形时注意表现简洁,两者交接处的处理要巧妙,同时外形的处理也要恰当。

1. 轮廓共生训练

轮廓共生是指通过形象的共用使形象发生转变。中国传统图案中常使用这种构图方式，即形与形之间的轮廓线相互转换借用，从而以尽可能少的线条表现更多、更丰富的含义，显现出精简着笔的魅力。

案例1：莫高窟，坐落于河西走廊西端的敦煌。它的开凿从十六国时期至元代，前后延续约1000年，这在中国石窟中绝无仅有。它既是中国古代文明的璀璨艺术宝库，也是古代丝绸之路上不同文明之间对话和交流的重要见证。

藻井作为敦煌覆斗顶洞窟壁画中最为精美的部分，十分具有艺术特色和视觉表现力，三兔共耳纹样出现于部分藻井图案的最中心位置，其纹样的装饰方式使用了中国传统"共生"的创作手法，既生动形象又构思巧妙。三只兔子，共用三只耳朵，三只耳朵两两重合、和谐共生。同时，在无形之中形成了一个潜在的中心点，三只兔子首尾相连，仿佛在回旋奔跑。画面整体简练概括、舍冗去繁，营造出三只兔子相互奔跑追逐、循环往复的动感画面，产生动中有静、静中有动的视觉效果。冬去春来，三兔开泰。三兔莲荷，瓜瓞绵绵。

在佛教中还有"三世佛"之说，壁画中的三只兔子分居三方、争相追逐，分别代表着"前世""今生"和"来世"，三只兔子通过耳朵彼此联系，浑然一体，象征着三世前后相继、互为因果、生死轮回、不离不弃。

同时，道教也宣扬"道生一，一生二，二生三，三生万物"的"三生说法"，因此，《三兔共耳》亦象征着生生不息。可见，《三兔共耳》是中国传统文化、佛教文化与其他文化的有机结合，更反映了古人朴素的多子多福、健康长寿、转生轮回的美好祈愿。

莫高窟139号石窟《三兔共耳》

（图片来源：搜狐网。）

案例2:1950年12月5日,为了纪念法国共产党成立30周年,毕加索创作了29幅以和平鸽与少女脸庞为主题的画作,并用罗马数字一一编号。这组名为《和平的容颜》(Face of Peace)的作品,每一幅图都是由可爱的和平鸽与微笑的少女两种图案共生而成,鸽子的翅膀与少女的一侧脸庞共用线条,二者和谐地融合在一起,这些作品表达了毕加索对和平的渴望和珍视。

毕加索《和平的容颜》系列作品

(图片来源:百度图片。)

案例3:明代朱见深的《一团和气图》(1465年),粗看似一笑面弥勒盘腿而坐,体态浑圆,细看却是三人合一。左首为一着道冠的老者,右首为一戴方巾的儒士,二人各执经卷一端,团膝相接,相对微笑。第三人则手搭于两人肩上,面部被遮,只露出光光的头顶,一手轻捻佛珠,显是佛教中人。画幅上的人物远远看好似一个大圆球,其实是三个人相拥相抱在一起,三个人的五官互相借用,合成为一张脸。是当时儒释道"三教合一"的思想体现。

明代朱见深作品《一团和气图》

(图片来源:百度图片。)

2. 正负形共生训练

正负形是一种构图和空间组织的概念。正形指的是主体或重要元素的形状,而负形则是周围或背景中与主体形状相衬托的空白部分。正形和负形之间的关系是相互依存的,它们共同构成了整体设计的平衡和美感。中国的"太极"图形就是最好的正

(阳)负(阴)形共生关系。

正形通常是观众注意力集中的部分,它能够吸引人的目光并传达设计的主题和意图。负形则起到衬托和强调正形的作用,通过形状和空白的对比,增强了正形的视觉效果和冲击力。

正负形的运用在艺术设计中非常重要,它可以影响观众对作品的感受和理解。合理地运用正负形可以创造出平衡、和谐、有趣或引人入胜的视觉效果,提高作品的艺术价值和观赏性。

正负形共生的特点为两种图形都具备独立的意义,既能都成为正形,又互为彼此的负形。

案例1:1915年,丹麦心理学家埃德加·鲁宾创作了《鲁宾之杯》,用于心理测试。该图形使用了共生线,令正负形有机融合,鲁宾先生通过这个设计证明了图形与背景之间的关系并非恒定,人们视觉的注意力是可以使图形产生正负形来回切换的感觉。

鲁宾之杯
(图片来源:百度图片。)

"鲁宾之杯"描绘了曲线起伏的杯子外形,而这个杯子的外沿恰好又构成了两个人物相对的侧脸。杯子图形既可以成为正形,又可以成为人脸图形的背景留白。"鲁宾之杯"让观看者产生的奇妙视觉体验,不仅引发了心理学家的关注,也启发了艺术设计师们的灵感。

案例2:产生于七千多年前的《太极图》,是中国的一幅具有深厚历史文化意义的图形设计作品。它以太极的形象为基础,展现了中国人对于宇宙和人生哲学的思考和追求。

首先,从构图角度来看,《太极图》采用了简洁明快的线条和形状,以黑白两个鱼形纹组成的圆形图案,又称阴阳鱼图。其中黑色部分为阴故称阴鱼,白色部分为阳故称阳鱼。阴阳鱼在一个圆形里共用中间的曲线,均分为二,

太极图
(图片来源:百度图片。)

这种对比与平衡的构图方式,不仅使图形具有对称美感,也传达了太极哲学中阴阳互补、和谐共生的思想。

其次,颜色运用上,《太极图》通常使用黑白两色,黑色代表阴,白色代表阳。这种

单色的运用不仅增强了图形的简洁性,也体现了太极哲学中的阴阳对立和统一的原则。

最后,从线条看,《太极图》的线条流畅且动感十足,形成了一个闭合的圆形,象征着无限循环和无尽发展。这种动感的线条不仅使图形具有生命力,也传达了太极哲学中的变化和流动的概念。

总的来说,中国的《太极图》以其独特的构图、颜色运用和线条表现方式,成功地传达了太极哲学中的阴阳互补、和谐共生以及变化流动的思想。它不仅是一幅具有美学价值的图形设计作品,也是中国传统文化的重要象征之一。

案例3:日本设计师福田繁雄在海报设计中经常运用错视设计,这是一种利用视觉错觉和错位效果来创造出立体感和动感的设计技巧。在其1984年设计的《UCC咖啡馆》海报中,他选择了搅拌中的咖啡漩涡,通过正负纹理交错,将旋转的纹理与拿着咖啡杯子的手相结合,绘制出螺旋状重复并置的图案,既突出咖啡这一主题图形又让画面动感有趣。利用正负形的矛盾,在看似谬诞悖论的视觉图形中,凸显出一种视觉、心理、机智和理性的秩序感和延伸感。

福田繁雄为UCC咖啡馆设计的海报
(图片来源:百度图片。)

第六节　地域图形拓展训练

一、训练目的

在本章节之前的练习中,学生已经尝试了用不同的表现形式进行图形创意训练,提高了设计能力。下一步的目标在于让学生通过设计的手法解决实际问题,因此本节引入地域图形的概念进一步提升学生的设计能力,还试图通过设计活动为当地社区或环境带来积极变化,在一定程度上训练学生解决实际问题的能力。

每个地区的文化各不相同,抓住地域文化特点,提取文化元素并将其融入设计中是设计专业学生的基本素养。本阶段的图形拓展训练分为三个阶段,涉及多个专业,能够由浅入深地有效培养学生的创意思维能力。

二、训练方法

1. 训练阶段1

以"家乡"或者你熟悉的某个地方为基础,进行思维发散、画出思维导图。要求内容覆盖面广,并且抓住至少三个当地特色进行深入挖掘。

图文并茂地把各级主题的关系用相互隶属与相关的层级图表现出来,将主题关键词与图像、颜色等建立记忆链接。基本结构包括中心主题、分支、关键词、图像、符号、色彩等。

此练习旨在让学生开阔思维,学会提取地方性的文化元素并融入设计中来,为今后的设计实践打好基础。

以下作品是学生以"家乡"为主题的地域图形拓展练习。

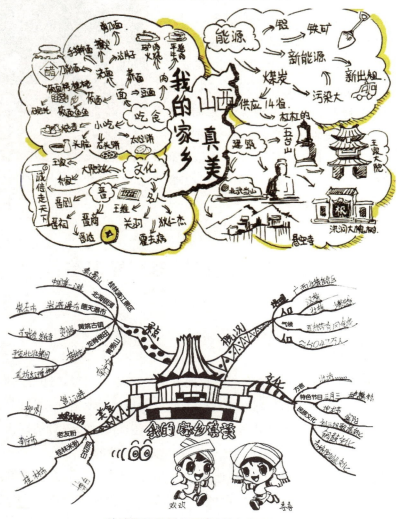

地域图形拓展练习①(学生作品)

第四章　创意设计的表现

续图

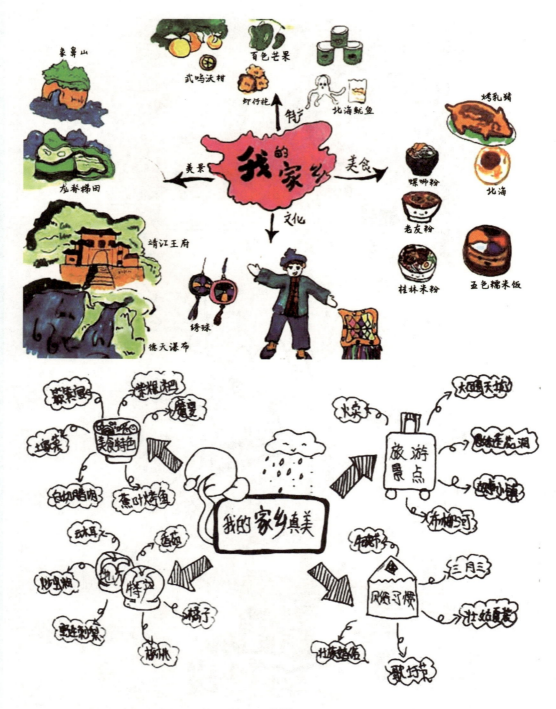

续图

通过思维导图以及头脑风暴等练习,学生学会对抽象的概念进行分析,遇到问题时知道如何寻找切入点,并通过观察与实验将分析的结果形象化,灵活运用抽象思维与具象思维,构成一个复杂而集中思维的结构。

2. 训练阶段 2

结合训练阶段 1 的思维发散，继续以"家乡"或者你熟悉的某个地方的代表性文化图形为设计元素，结合相关图形设计方法，完成一个单体的设计方案。

此练习旨在让学生将想法落地，得到初步的设计成果，训练学生解决实际问题的能力。

以下作品是学生以"家乡"为主题的单体地域图形拓展练习。

《苗纹胸针》

少数民族文化也是桂林的地域文化之一。该作品是根据苗族纹饰设计的胸针，旨在传播民族文化。

传统的刺绣工艺使产品更加细腻有质感，也会让胸针更有收藏价值和展示意义。将传承手工工艺与民族特色相融合，桂花是黄色的，花瓣紧凑，象征着美好和胜利，代表着丰收的喜悦。苗纹寓意美好祥瑞，深受人们的尊敬与喜爱，是民族特色手工技艺的创意表达。少数民族特色的文创产品向外来旅客展示出强烈的文化自信。

地域图形拓展练习②（学生作品）

《龙脊茶道》

以桂林龙胜的龙脊梯田为灵感所设计的茶具，作品运用龙脊梯田的弯曲走势在茶盘上进行创作表现。在茶壶与茶杯的表面形成叠压的梯田形式。

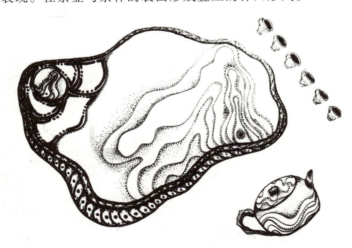

地域图形拓展练习③（学生作品）

《漓江倒影》

漓江的山，作为倒流香的底座，在光的照射下，山的影子反光到底部的石板上，成了水中的倒影。点燃倒流香，倒流香的烟正好从山顶的一个小洞口流下来，就像水从上而下地流淌下来，给人一种置身于美妙的仙境之中的感觉。

《象山纸抽盒》

　　象山作为桂林本地最具特色的景点之一，具有很高的知名度。纸抽盒作为日常生活中必不可少的工具，如果只是一个方方正正的形状，难免缺少趣味性。加上了桂林特色的象山元素后，纸抽盒变得更有趣味性。以象山为元素，也有着良好的寓意。象，自古就是一种美好的象征，将美好的寓意融入生活也更符合现代人的审美取向。

地域图形拓展练习④（学生作品）

地域图形拓展练习⑤（学生作品）

《象链》

　　使用象鼻山的特征，利用银饰的稳重大气，体现出桂林的环境风貌。

地域图形拓展练习⑥（学生作品）

《桂林象鼻山衍生卡通香包》

　　设计灵感来自桂林象鼻山，象鼻山因酷似一只站在江边伸鼻豪饮漓江甘泉的巨象而得名。设计者根据象鼻山的形状画了一头象，象的头和身上都盖着树叶。下面挂着印有"桂"字样的一碗桂林米粉，增加了趣味性，该香包不仅具有观赏价值也具有实用性，以突出的趣味性而区别于大部分象鼻山文创产品。

地域图形拓展练习⑦
（学生作品）

《沉香香炉》

　　香炉的灵感来自桂林山水，以象鼻山为香炉主体，山川为壁，山水为底。整个沉香香炉分为两部分，一部分是香炉，一部分是底座。香炉为主体，底座可以进行样式的改变。

地域图形拓展练习⑧(学生作品)

《山间亭》

此设计名为《山间亭》,该设计借鉴了苏式园林的风格,整个作品有山有水,将建筑与山水相融合。作品中间有一个微型瀑布,以瀑布的"动"来衬托整体环境的"静",形成一种反差的美,而亭子的设计则营造了一种人与自然和谐共处的氛围。

地域图形拓展练习⑨(学生作品)

续图

《润荷》

　　此作品名为《润荷》,设计灵感来自中式建筑和杭州西湖。单纯、凝练,以一方庭院山水,容千山万水景象。杭州的荷花文化深入人心,儒、释、道都非常推崇。

地域图形拓展练习⑩(学生作品)

续图

此作品以象鼻山日月双塔为标志。

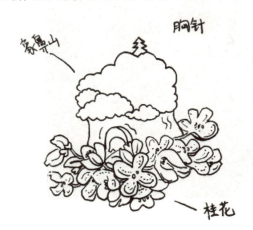

地域图形拓展练习⑪（学生作品）

（桂林象鼻山与桂花相结合）

地域图形拓展练习⑫（学生作品）

（以象鼻山为主题，周围用桂花点缀）

此作品是以桂林山水为主题的手镯。手镯的外围以桂林山水的模样进行刻画，雕刻出光滑润色的桂林山水。手镯上的山水并非固定，而是可以根据顾客要求，以图片为加工对象定制桂林任意处的山水。

地域图形拓展练习⑬（学生作品）

作品灵感来自桂林著名景点日月双塔，共六层，两只耳环的最下面分别是太阳和月亮的图案。

地域图形拓展练习⑭（学生作品）

此作品是桂花与蝴蝶相结合的设计搭配。

地域图形拓展练习⑮（学生作品）

此作品是以日月双塔、靖江王府为亮点设计的立体小挂件，左边作品采用了同构的手法将靖江王府与日月双塔相结合，右边为靖江王府小挂件，均采用卡通绘画的方式将古楼可爱化。

　　将地域文化融入设计是一种有效展现地方特色和传统文化的方式。学生应该了解和研究地域文化,深入学习地域的历史、风俗习惯、宗教信仰和民间传说等方面的知识,以便更好地理解和运用地方文化元素。

地域图形拓展训练⑯(学生作品)

　　运用地方符号和图案。在设计中加入当地的象征性符号和图案,如民族花纹、传统装饰等,以呈现地域文化的特色。

　　引入地方意象和故事。以当地人物、事件或传说为灵感,设计独特的视觉形象和故事情节,以使设计作品更具地域特色。

　　3. 训练阶段3

　　在训练阶段1和训练阶段2的内容和成果的基础上,继续以"家乡"或者你熟悉的某个地方的代表性文化图形为设计元素,结合相关图形设计方法,完成一个系列的设计方案。

　　此练习旨在让学生学会完善设计成果,为今后的设计实践做好准备。

　　以下作品出自学生的毕业设计。

　　此设计为侗族鼓楼元素的应用设计,通过巧妙结合传统侗族鼓楼文化与现代家居壁挂,探索侗族鼓楼文化与现代艺术的交互融合,助力乡村振兴。创作设计时,首先要提取侗族鼓楼的建筑形态结构,结构重组后将不同肌理色彩的牛仔布料和废旧牛仔裤的分解零件通过拼布工艺巧妙结合。在传统民族文化与现代艺术加工融合中,更好地传承侗族人民精湛的手工艺和巧妙的造物智慧,并为传统民族建筑元素寻求更多元化的表现手法和多样性的创新融合传承方式。

地域图形拓展练习⑰（学生作品）

（侗族地区——鼓楼文化形象）

作品《日月映》陶瓷茶具以桂林"日月双塔"的造型、色彩为设计元素，通过以圆代方的设计理念，巧妙地设计出可以相互叠加起来的茶壶、茶杯、杯垫，再施以窑变颜色釉，使其呈现熠熠生辉、流光溢彩的建筑装饰色彩，让整套茶具造型如同宏伟壮观、结构精巧的日月双塔一般，将建筑的整体意象进行直观的诠释，带给人美的视觉享受。

地域图形拓展练习⑱（学生作品）

（桂林地区——日月双塔形象）

"桂林山水甲天下"，桂林以独特的自然风光与悠久历史底蕴闻名于世。作品使用化繁为简的形式,将桂林山水形态简化,以重构的方式进行设计,采用传统编织工艺将山水元素融入设计中,进行桂林山水主题室内墙饰设计。

地域图形拓展练习⑲(学生作品)
(桂林地区——桂林山水抽象表达)

从龙胜地域文化中提取元素,以龙脊梯田的四季更替所形成的曲线与色彩变换为主题,并加入耕牛、谷子、吊脚楼、红瑶女元素,制作戒指、项链、胸针、耳环,象征脚踏实地、五谷丰登、兴旺发达、长命富贵。将金属与多种材料相结合,传递龙脊梯田地域文化。

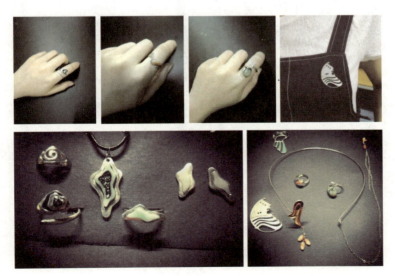

地域图形拓展练习⑳(学生作品)
(桂林地区——龙胜梯田形象)

此作品以陶瓷文化、桂林山水为元素，提取陶瓷、桂林山水的轮廓为符号进行呈现，以桂林旅游学院陶艺工作室外墙为载体，采用釉下彩、青花、雕刻等形式进行表现，设计风格趋向于现代简约，运用色彩对比，表达陶艺工作室的环境，散发文化气息。

地域图形拓展练习㉑（学生作品）

（桂林地区——桂林山水形象）

此陶瓷装饰品将桂林山水与壮锦元素结合进行设计，既体现了"绿水青山就是金山银山"的理念，又展示了地域特色，同时让更多的人了解了壮锦文化，使壮锦得到了更好的传承和发展。

地域图形拓展练习㉒（学生作品）

（桂林地区——桂林山水结合壮锦）

"前程似锦"系列作品选取了旅艺楼、兴华门、学士服三个元素。在材料上,选择了大众喜爱的玉石,将其与金属相结合,在造型上进行突破;在工艺方面,运用了玉石雕刻、电脑建模、雕蜡、金属镶嵌、银电镀金等工艺,风格以现代简约为主。

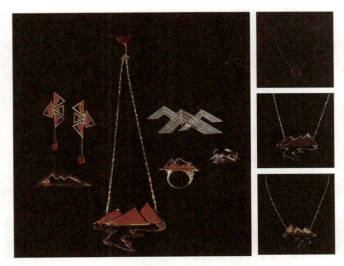

地域图形拓展练习㉓(学生作品)
(桂林地区——桂林旅游学院艺术楼形象)

作品《情续干栏》是以干栏式建筑为设计元素。漓江盘绕在峰峦之间,水面碧波荡漾,两岸削壁垂河,风光旖旎,犹如一幅百里画卷。干栏式建筑的木架结构作为西南少数民族地区主要的建筑形式,是中国建筑的瑰宝,其形成受当地的自然环境和社会条件影响,呈现出别具特色的建筑风格。这件学生作品将具有独特韵味的干栏式建筑作为元素融入装饰品当中,让榫卯工艺能得到更好的传承与发展。

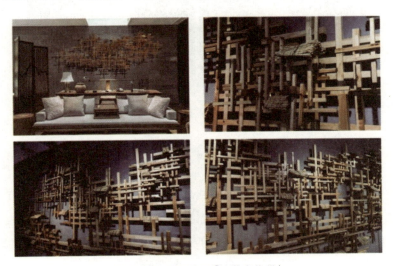

地域图形拓展练习㉔(学生作品)
(桂林地区——干栏式建筑形象)

作品《花山·印记》根据壮族文化背景，以漆艺花器为载体，表现壮族先民——古代骆越人男耕女织、欢乐祥和的生活场景。作品通过对木胚进行刷漆、镶嵌、打捻等工艺处理，大胆运用清新、雅致的色彩，体现时尚的审美趣味。该设计作品作为陈设品，既能营造民宿空间的民族文化氛围，又能增加游客的审美享受。

地域图形拓展练习㉕（学生作品）

（崇左地区——花山岩画形象）

在设计梧州市西堤滨水景观的过程中，作者融合了当地的岭南文化、民俗文化、骑楼文化和宝石文化等地方历史文化及人文符号元素。作者通过建设生态友好、蕴含深厚历史人文底蕴的西堤滨水景观带，创造了小品艺术、地雕广场、植物景观等多样化空间，打造了集观赏、休闲、科普、娱乐于一体的多功能滨水景观。这一设计不仅展示了梧州独特的地域文化和艺术特色，也促进了生态与人文的和谐共生。

地域图形拓展练习㉖（学生作品）

（梧州地区——梧州城市文化形象）

北部湾海洋旅游文创产品设计依托北部湾区域海洋文化，结合旅游文创产品的特性，通过视觉化的符号生动展现海洋文化的内涵。设计坚持以保护海洋为理念引导，所选用的插画元素紧密围绕北部湾的海洋文化展开，以此彰显其独特魅力与历史底蕴。

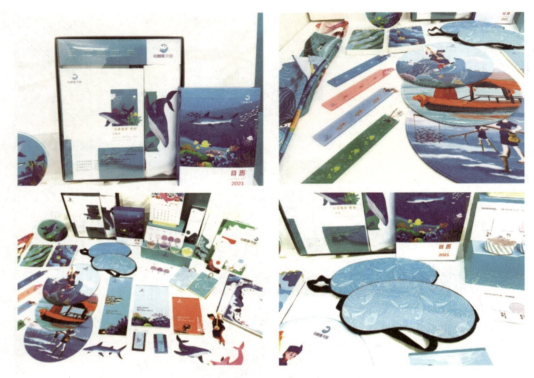

地域图形拓展练习㉗（学生作品）
（北海地区——海洋文化形象）

花山岩画是壮族最有代表的文化元素之一，《花山传奇》是一款以广西当地民俗特色文化为主的模拟经营类手机游戏，该游戏以布洛陀神话为剧情基础，玩家需要经营一个部落，成为首领、规划城镇、修造建筑、种植与生产、奇遇冒险等，并带领村民过上美好的生活。

地域图形拓展练习㉘（学生作品）
（广西地区——民间神话形象）

此作品以广西毛南族傩面具为灵感元素，通过新媒介的手段，将传统文化与现代时代进行深度融合和探索，旨在传播文化、传递美好寓意，并延续文化的发展和传承。

在设计造型上,作品以毛南族傩面具的艺术形象为基础,保留了原有形象的特征,并进行了优化和抽象化处理,使得广西毛南族傩面具的形象更加鲜明和现代化。

地域图形拓展练习㉙(学生作品)

(广西地区——毛南族傩面具文化形象)

慎思笃行

2023 中国—东盟国际环保展环保数字化发展论坛

本章小结

　　本章节通过从简单到复杂、从单一到整体的顺序训练创意思维的技巧,学生可以掌握创意思维的多种方法,如日常的观察和记录、从具体到抽象的图形关联、同构图形和共生图形的关联等,并在此基础上学习如何运用创意思维进行设计实践。

　　地域图形拓展训练是本章节训练的总结,同时也是进入下一学习阶段的必要准备。在设计过程中贯穿地域文化的元素至关重要,学生需要深入调研当地代表性的文化特征,结合所学的创意设计思维方法,通过思辨和联想进行设计实践与尝试。学生不仅要学会不同的表现技巧,更要考虑到设计成果的目标受众和应用场景,这是一个综合性的训练过程。

请以家乡的代表性文化为设计元素,结合相关图形设计方法,完成1—2件以"我的家乡"为主题的文创产品设计方案。

第五章
欣赏与分析

本章概要

　　本章深入探讨创意思维在不同设计领域中的应用,以及如何以创意思维的视角去欣赏和分析行业内的设计作品。首先,介绍了创意思维在产品设计中的关键作用,包括创新概念的生成、原型制作以及用户体验设计;从视觉设计深入研究创意思维在视觉设计领域的应用,涵盖图形设计、排版、色彩理论等方面。学生将了解如何使用创意思维来创建引人注目的视觉元素,以满足不同设计项目的需求;而空间设计关注创意思维在室内和外部空间设计中的应用,探讨如何以创新的方式利用空间、材料和光线满足用户的需求,并创造独特的空间体验;在新媒体设计中,讨论创意思维在新媒体设计领域的作用,包括网页设计、用户界面设计和互动媒体。学生将了解如何以创新的方式创建数字体验,以满足不断升级的技术和用户需求。最后,创意思维与服装设计将介绍创意思维在服装设计中的应用,包括时尚趋势分析、材料选择和时装设计的创新。学生将了解如何将创意思维融入时尚设计,以设计独特的服装和配饰。

　　学生通过扎实的理论分析,对列举出的部分优秀创意思维作品进行梳理,从而在不同的情境中,根据自身的需要进行灵活选择和运用,以实现设计的目标和价值。

学习目标

　　1.知识目标:了解创意思维在不同设计领域的应用,包括产品设计、视觉设计、空间设计、新媒体设计和服装设计。掌握各个设计领域的基本概念、原则和最新趋势。理解不同设计领域的特点和要求,以便更好地应对相关设计挑战。

　　2.能力目标:能够应用创意思维解决各个设计领域中的实际问题。具备设计和创新的技能,包括创意概念的生成、原型制作、用户体验设计以及视觉元素的创造。能够综合分析不同设计作品,评估其质量和效果。具备多领域的设计能力,可以适应不同领域的设计挑战。

　　3.素养目标:提高创造力和创意思维能力,以便应对复杂的设计问题。培养批判性思考和分析能力，以更好地欣赏和评估各种设计作品。培养跨领域合作和交流的素养，以促进知识传播。

知识导图

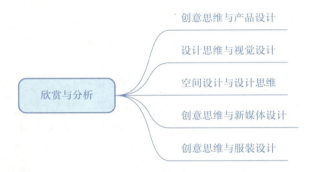

章节要点

创意思维的设计方法；产品设计；视觉美学；数字融合；民族元素创新；服装设计；空间设计。

案例导入

本章案例以工艺美术专业陈勇全同学的毕业设计作品《积雪玉奇》为导入，作品表现了审美性、文化性和创新性。该作品借鉴了传统花器的造型，配色使用了鸡血玉特有的绿红色，展现了桂林的特色文化。旅游业正处于快速发展的阶段，旅游工艺品已成为旅游体验和文化传播的重要组成部分。为了促进文化经济的持续增长和文化产业的繁荣，当地景区应当利用自身独特的旅游文化资源，开发具有地方特色的旅游工艺品。这样既能满足游客对于旅游纪念品的需求，又能提升文化产品的市场价值，推动经济的发展。通过这种方式，景区不仅能够传播当地的文化，还能够打造独特的文化经济模式，实现文旅融合和经济发展的双重目标。

陈勇全毕业设计作品《积雪玉奇》

第一节　创意思维与产品设计

一、产品设计的概念与功能

产品设计是指将概念、计划、设想和需求转换为实际产品的过程,同时也是通过产品这一载体表现出来的一种创造性活动过程。在这一过程中,设计者们需要考虑诸多因素,如设计概念的构思、产品功能要求、用户需求、市场目标、外观构造及制作材料与工艺等,从而确保从设计概念的产生到最终产品的实现能够顺利进行。

随着社会的发展,物质生活的不断丰富,人们对于产品设计的要求也越来越高,不再仅仅满足于基本的功能需求,对于产品的创新性和独特性也更加关注,追求不同的产品带给人们更多的审美情趣和精神文化内涵,因而创意思维对于产品设计而言是十分重要的。

对设计者来说,基于产品设计过程所需要考虑的各方面因素,实现其基本的功能需求是非常重要的,但对于产品功能的不断改良,挖掘用户新的需求,创造性地赋予产品更多特点，也是在时代的发展下需要设计者们进一步去考虑与设想的。为了顺应时代发展的潮流，创意思维的运用成为产品设计创新理念与发展的重要源泉。作为设计者，也需要学会运用创意思维进行产品设计，提高产品设计的质量，优化设计思路，不断改进与创新，赋予产品独特的理念，提升其中的文化、艺术、经济等价值，从而更好地创造出满足市场和用户需求且更具吸引力的产品。

二、创意思维与产品设计的练习方法

第一，在进行产品设计的过程中，设计者应以产品本身的创意思想为基础，对产品的各方面设计要点进行改良创新。因此，在具体的设计进程中，设计者应当充分运用创意思维，积极引入文化内涵元素，将设计理念融入设计产品当中，展现特有的文化内涵和文化特色。再进一步说，即是需要我们加深对产品的认识，全方位考虑所处的文化环境氛围，从而根据产品的定位，进行深入探索，进而得出最合适的设计方案，对产品的文化内涵进行充分的展示。

如今大火的故宫文化创意产品便是依托于我们的中华传统文化，立足于故宫这一历史和文化背景，通过结合故宫中的建筑特色、文物藏品、人文故事等文化元素，创造出许多备受人们欢迎的、极具中国美学特色的爆款文创产品。别出心裁的创意设计，使这些产品背后所蕴含的深厚文化底蕴得到了彰显，让原本严肃的紫禁城和其中的文化与故事走进了人们的日常生活之中。

故宫文创产品

在不断变换着潮流与时尚风格的市场上，日本品牌无印良品却始终坚守着属于自己的简约质朴的"无品牌"理念。在无印良品的产品设计中，"空"与"白"是品牌突出的重点，品牌的所有产品都有着极其明确的定位与文化属性。其中以"无"胜"有"的物性表达更大程度地体现了它的品牌理念，加上日本禅宗文化、茶道文化等本土文化的影响，使之成为如今广为人知的极具日本文化与风格的品牌之一。也正是由于无印良品中所包含的这种独特的文化内涵，才让其没有被大众潮流所改变，成为设计界的经典。

无印良品产品图——水壶（左）、多士炉（中）、电饭煲（右）

第二，通过创意思维的应用，可以增强产品设计的灵活性和创新性。现在市场中依然存在大量的同质化产品，甚至存在不少的抄袭现象，这些产品往往都十分相似，没有独特性和创新性，缺乏新意。这样的现象之所以会出现，通常是设计者在产品设计过程中缺乏创新性思维，没有结合产品的各方面需求运用创意思维，设计思路单一，继而影响了产品设计的发展。因此，设计者应当充分运用发散、联想、逆向、类比等创意思维，开拓产品设计的思路，再逐步明确产品设计的外观、结构等内容，结合时代文化和发展趋势，或是适当融入现代化技术，使产品落于实处，彰显时代特色，从而有效提升产品设计的质量，为用户提供良好的产品体验。

随着首饰市场的年轻化和多元化，原本同质化严重、设计风格较为单一的玉石首饰开始吸引更多设计师的注意，展现出多样化的设计风格。品牌DOVETAIL就是一个与众不同的玉石首饰品牌，设计师陈晨从首饰产品的结构入手，将中国特有的榫卯引入首饰设计当中，在独特的设计中让传统玉石融合现代极简风格，用榫卯结构将冷峻的金属与温润的玉石巧妙结合，铆合传统与未来，展现了玉石首饰不同于以往的魅力与力量。

下面这一组首饰是DOVETAIL的条框系列，灵感来源于中国传统"燕尾榫"和中式园林建筑"框景"，在结构上将金属与白玉、墨玉利用榫卯相结合，提炼出极简且极具建筑感的窗框线条，在现代简约的造型中体现出当代精神和中式美学。

DOVETAIL 条框系列

  第三，运用创意思维加深产品与设计者之间情感的融合度，并将这份情感传达给产品的使用者，引发共鸣，同时，也增加了产品与用户之间的情感交流。一件好的产品是有灵魂的，有生命力的，在产品的表面之下往往还包含着设计者独一无二的设计理念和对于人文情怀的理解。因此，为了让产品饱含情感，设计者应根据产品设计的实际情况和创作需要，充分融入自身的理解与情感进行创作设计。

  深泽直人为无印良品设计的这一款酷似通风扇的壁挂式CD播放器便极易引起人们的情感共鸣，设计师从常见的放置于桌上的旋转CD的形象联想到厨房里由马达所驱动的通风扇，当我们拉下通风扇的线绳，叶片开始转动，而过了一会儿，当叶片的旋转趋于稳定，风的声音也随之变得恒定了。于是设计师进一步思考，如果在CD播放器里内置一个扬声器，把它挂在任何一面墙上会如何呢？设计师设计了一个有通风扇外形的方形CD播放器，然后极其巧妙地将开关设计成了一根可以拉动的绳子，从而利用人们在使用时的习惯性动作，让每一个并不了解这款产品的人也可以通过下意识的行为去播放音乐，并通过这一个动作勾起人们相应的情感回忆。当拉绳被拉下，CD开始慢慢旋转，音乐就像气流从风扇中被吹出来一样。我们可以看到，在深泽直人的设计中，一件产品的设计本质不是单纯的外观，而是需要注入更多的情感元素，从生活的细节入手，这样才能赋予产品更多的魅力和吸引力。

无印良品CD播放器/ CD播放器在墙壁上的样子

相信大家对这一个形状奇特的产品都不陌生,它就是菲利普·斯塔克设计的"外星人"榨汁机。这个榨汁机的造型与我们常见的柠檬榨汁机非常不同,甚至从一开始我们几乎很难辨认出其功能,它会激起我们的好奇心,或许还有困惑、恐惧的情感反应,但当我们进一步了解它,我们会感到出乎意料和充满惊喜,因为这一件独特的饱含设计者心意与情感的产品超越了我们基本的需求和期望,它把日常的榨汁行为变成了一项特别的体验,把原本生活中普通的行为变得不同寻常。因此,对这样一件特别的产品而言,它的功能或是使用者对它的期待更多的是从情感层面体现的,斯塔克曾说:"我的榨汁机不是用来压榨柠檬汁的,它是用来打开话匣子的。"他实际上也是通过这件产品带给人们了一个关于设计,更是关于生活的启示,那就是日常生活中的普通事物也可以是有趣的,而且设计可以提升生活品质。它也教会人们可以去期待一些未曾期待过的奇迹——所有都是对未来生活的正面情感。

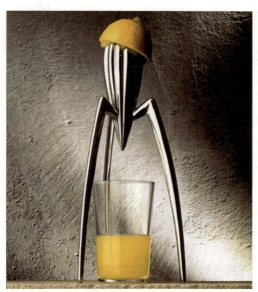

"外星人"榨汁机

第四,作为设计者,我们需要以市场和用户需求为基础进行设计,增强产品设计的针对性和有效性。因此,我们可以通过运用创意思维分析整合市场中的已有产品,以及产品功能和使用目的等信息,关注用户审美与使用习惯,从而更好地掌握设计方向和思路,提出最佳的设计方案,提升产品市场竞争发展优势。

像如今已经融入我们许多人生活中的各类苹果产品,设计者往往都以用户的需求与体验为中心,在设计过程中,透过用户简单的需求现象,寻找用户这种需求的行为动机,设计产品时,首先需要深入挖掘产品可能具备的功能以及用户潜在的不同使用目的。在此基础上,设计师可以基于这些信息进行产品设计。在整个设计过程中,与用户保持持续的沟通并收集反馈至关重要。通过对用户需求和关注点的理解,设计师可以不断提升产品的水平和质量。这样,产品才能更好地服务于用户,满足他们的实际需求。因此,苹果产品的成功不仅是因为有先进的科学技术,还是由于设计师发挥了创意思维的作用，抓住了人性化的产品设计之道，从需求出发，满足需求，甚至创造用户没有意识到的新需求，从而开发出具有创新性、颠覆性的产品。

例如一款被称为"改变世界"的极具创造力的产品——iPhone手机，让苹果公司夺走了诺基亚的手机市场霸主地位。而这一产生深远影响的产品的诞生毫无疑问离不开设计者对于用户和现有市场所进行的研究，其中包括观察用户消费习惯、了解用户日常生活行为、调查用户对相关产品的期望、发现现有手机产品的痛点、洞察用户的消费心理，并将精英团队看作有高要求的用户进行产品体验与测试等。

诺基亚 n97

初代 iPhone

另外，在苹果的众多产品里，尺寸小于电脑大于手机的iPad也成功赢得了用户的认同，它的尺寸比电脑更加方便携带，机身轻薄但电池续航持久，其功能也十分强大，可以满足用户看视频、听歌、绘图、玩游戏、编辑文件等办公、娱乐需求。并且随着时间的推进，iPad为了满足更多的用户需求，不断推出各种尺寸的产品，优化产品的细节设计，以适应用户的不同使用情境，为用户提供更多的选择。

iPad产品图

第二节　创意思维与视觉设计

一、视觉设计的概念与功能

人类文明从诞生之初就通过视觉图形符号进行传播。视觉设计从概念的出现发展至今,离不开各种新技术和新媒体的支持。从信息传达的角度来看,视觉设计是将信息进行视觉化处理的过程,通过视觉语言符号、合理的结构和秩序将信息准确快速地传达给受众,使其能够理解并接受所传递的信息。作为信息的载体,视觉设计是人与人之间沟通、交流的桥梁与媒介。然而,由于人与人之间的文化背景、生活经历等因素的差异,视觉设计必须以客观传达对象为主体目标,并进行具体的信息传达。视觉设计可以借助线条简单、创意鲜明的图形设计(如文字设计、版面编排设计等)将信息简洁、直观地传达给广大受众。

视觉设计是一种由图形、文字符号等内容组成的传播方式,其中最重要的功能之一是利用视觉符号来表达信息的主体及其相关特征。随着时间的推移,视觉设计开始与其他设计风格相互吸引、相互融合,从最初的静态信息表达模式逐渐向动态信息表达模式发展。良好的互动性成为视觉传达的重要标志之一,使设计空间从早期的二维向三维甚至四维方向拓展。从视觉设计的角度来看,信息的表达更加科学、真实,并且表现方式更加多样化。总体而言,视觉设计不仅展现了各种先进技术,还融合了深厚悠久的民族文化,这对于普及文化、帮助设计师实现自我价值是相当有利的。

二、创意思维与设计的练习方法

创意思维是视觉设计的核心灵魂,而视觉设计是创意思维的表达形式。创意思维与视觉设计相辅相成、密不可分。在视觉设计领域,主观理性的图形与客观真实的图形需要相互结合,共同构建出理想的视觉表现。这种融合不仅能够增强图形的表现力,也是提升图形视觉传达强度的关键。设计师需要跳出传统的习惯思维,为作品注入创新的设计理念和创意思维,研究接受者的感知心理,创造耳目一新的视觉效果,以便更好地增强图形语言的视觉感受力,提高信息传达效率。视觉设计思维具有天然的关联性,主要表现在以下三个方面:①视觉传达语言需要不断创新;②视觉传达设计理念需要不断创新;③艺术发展过程需要推陈出新。在这种视觉设计的探索中延伸出了新的视觉设计探索模式。

1. 注重发散性思维应用,增强艺术作品感染力

随着信息时代的发展,社会生活越来越趋向于信息化、智能化,视觉设计同样需要适应人们的审美需求,利用科技手段强化设计美感。设计者需要遵循以人为本的理

念,致力于对发散性思维进行应用,使视觉设计具有多样性。在设计层面,设计者应结合发散性思维综合思考,丰富视觉设计的元素和内容,提升设计作品的视觉感染力和影响力。从发散性思维的本质特征看,创造性活动可以更好地体现人类思维的特点。设计者需要在设计过程中重视创新理念,摆脱以往设计思维的束缚,将丰富的创新元素融入作品,引发受众的共鸣。为在视觉设计语境下突出发散性思维,设计者需要积累丰富的经验,结合自身的想象力和创造力,拓展视觉设计的新思路,推动视觉设计不断创新。

2. 合理运用逆向思维,提升视觉创意的效果

视觉设计者往往希望设计的作品能够别具一格、脱颖而出,这对设计者提出了更高的要求。他们需要运用丰富的经验进行探索与实践,切实利用作品给予受众不同的感受,增强作品的影响力和感染力。基于此,合理运用逆向思维不失为一种有效的方法。逆向思维能够超越传统的思维习惯,给予人们出乎意料的全新视觉感受,同时也更能够使设计者的灵感得到充分展现。在具体的设计中,设计者需要遵循逆向思维的要求,并在该思维模式下充分表达观点,借助夸张、对比等方法开展设计。

3. 拓展视觉设计空间,加强与数字技术的融合

随着信息技术的高速发展,以往一些视觉设计方式已经难以满足时代发展的需求。基于此,数字技术、信息技术开始被用于视觉设计,为视觉设计注入活力。在视觉设计中,设计者可以借助信息技术收集设计素材,更好地了解大众的需求。设计者还可以在信息技术的支撑下,将视觉设计与交互式界面设计结合,赋予设计动态性。此外,设计者还可以在视觉设计中合理运用诱导式创新思维模式。设计者需要以作品为基点,寻求设计的关联因素,将视觉设计与数字技术、多媒体技术融合,设计出优秀的、具有内涵的作品。

4. 结合民族文化特色,面向设计元素创新

民族文化属于我国重要的文化资源,其应用的领域和形式广泛,将其应用在视觉设计中将使产品设计更具个性,更容易在大量的作品中脱颖而出。不仅如此,民族文化在现代设计领域已经成为重要的标志元素,在世界范围内获得了极大认可。在视觉设计中融入民族文化,有助于实现创新,打造出具有特色的视觉设计路径,使其呈现出综合性、动态性、三维立体性、四维时空性、互动性、交叉性、民族性等特征。

在2022年北京冬奥会会徽的设计中,设计者提取了代表世界五大洲的五环标志元素,将五环的色彩延伸应用至汉字"冬"的设计之中,这样既展现了冬奥会的寓意,又生动形象地渗透了汉字文化,使设计在传达丰富的文化信息的同时充分彰显中国的传统文化内涵。这样的设计让会徽的寓意更加深厚,也向世界展现出中国的文化特色。

2022北京冬奥会会徽设计

下图是一组瑞士土豆协会制作的杂志广告宣传作品,目的是传播该协会关注民生、贴近生活的形象。土豆是德国设计师冈特·兰堡作品中经常出现的一个设计主题,他的土豆传播了一个在土豆文化背景下成长的艺术家对事物的态度和对艺术与生活关系的理解。瑞士土豆协会招贴反映的是协会和生活的关系,旨在让更多的人关心生活,关心并参与土豆协会的活动。

瑞士土豆协会招贴(盖哈特·巴拉特勒)

4A设计公司智威汤逊运用三维技术设计了牙膏招贴,在牙齿上呈现出埃及与罗马文明的废墟,以可视化的形象艺术化地诠释了细菌、蛀牙对牙齿的危害。这种融合了视觉空间与当下数字技术的表现形式,以二维为载体凸显了三维空间的可能性,是一种新的设计模式。

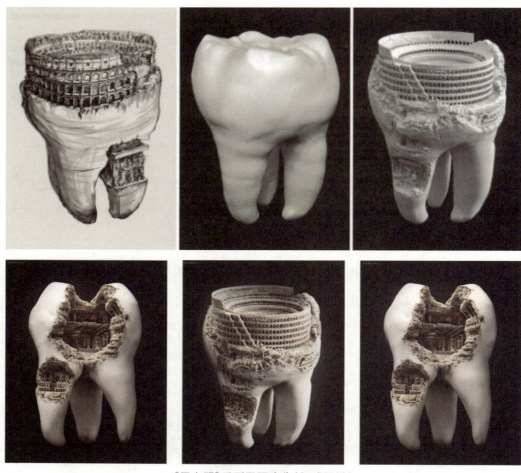

《牙文明》系列平面广告（智威汤逊）

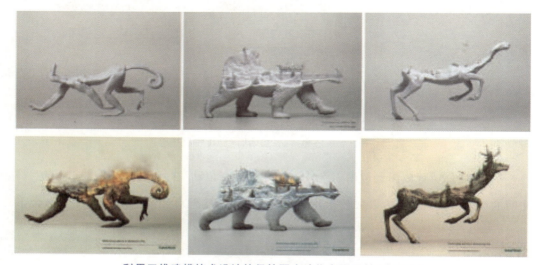

利用三维建模技术设计的保护野生动物主题展（智威汤逊）

下图作品以故宫博物院《韩熙载夜宴图》设计为例,将视觉传达设计与数字技术融合,让文物"活"起来。用户通过 App 可充分欣赏《韩熙载夜宴图》的数字画卷,同时解读画作中的每个细节。当优雅、舒缓的琵琶声响起,用户会有身临其境之感。用二维的方式把时空转换全部融合进去,既有时间的转化,又有空间的转化。如同"秉烛夜谈",使用户可与千古佳作"对话",并逐一呈现画作中的人物、用品等,给人"乐伎轻扫琵琶、舞伎翩翩起舞"的视觉感受,让用户沉浸在艺术氛围之中。这个特点也启发我们将这种新的、演绎化的动态内容与原画进行结合。

《韩熙载夜宴图》的数字画卷

JEANSWEST服装宣传

Midjourney绘制的创意招贴

UGLY绘制的各地景点宣传图

吴越文化节

好的创意离不开优良的视觉呈现,优秀的设计背后一定有卓越的设计思维支撑。设计思维的能力是整体思维能力的重要组成部分,也是构筑优秀思维品质的重要支柱。它不仅带来新的具有社会意义的成果,同时也是人类智慧水平高度发展的产物。视觉设计在社会生产生活中应用广泛。紧跟时代发展的步伐,通过对数字技术、虚拟现实、增强现实等技术的应用,设计出更具创新性和吸引力的作品,突出作品的审美价值和文化价值,使作品获得更多受众的认可,是当前设计者应当思考的问题。当前,我国文化艺术领域正快速发展,视觉设计者应当坚持守正创新,以国际化的思维与方法提升视觉设计的质量和影响力。设计者不仅在视觉思维的模式中不断创新,还要避免一味追求大众审美而丧失艺术上的追求,将丰富的元素融入设计,推动视觉设计艺术的创新发展,创造出更多新的精品。

第三节 创意思维与空间设计

一、空间设计的概念与功能

空间设计是指根据特定的功能需求和审美要求,对室内或室外空间进行整体规划和设计的过程。它涵盖了空间布局、色彩搭配、物品摆放、装饰风格等方面,旨在创造出符合人们使用和欣赏需求的舒适、美观的空间环境。空间设计不仅仅是满足实用功能,更是一门艺术,通过合理的布局、巧妙的色彩和材质运用,为人们创造一个舒心、宜居的生活和工作空间。

空间设计是一个富有创意、多样性和综合性的领域,涵盖了创新性、功能性、审美性与和谐性等方面。空间主要包含两个部分:实体和虚体。实体是构成墙壁和其他空间结构的一部分，它指的是物理上可以感觉到、触摸到的，简单来说，就是建筑物的外轮廓、室内壁墙面、花园的树篱结构等。而虚体就是被实体围合而成的空间形状。空间感作为空间设计的特征，可以将其扩展到城市、街道、广场、村庄、公园等。凡是经由人固定和限定的一个空的部分，即成为一个包围起来的空间。建筑和花园是实体和虚体空间的统一组成，空间的实体和虚体同等重要。

游目·语歌——泸定酒店空间设计（罗北养）

空间设计的方式有很多种，其中主要包括围合、覆盖、突起、下层、架空等几种设计方式，在三维空间的思维模式下设计出公共空间、半公共半私密空间、私密空间等不同的空间形式，从而产生出适合不同人群需要的空间类型。这就需要我们通过运用合适的创意思维来创造一个完美的空间，满足人们的需求。

二、创意思维与空间设计的练习方法

1. 灵感法

灵感是设计师创作中必不可少的，但是设计的灵感总是昙花一现、转瞬即逝，这就要求我们在设计之前学会累积设计素材，观摩类似的设计大师的作品，在思维和灵感上架构一座桥梁。在灵感出现的时候就立刻凭借直觉绘制涂鸦，这会更有利于对好的创意的记录。这种直觉式涂鸦的方法不仅在空间设计领域有所应用，还广泛地被运用在许多设计领域中。如果我们平时就喜欢涂鸦或者热爱画画，对透视和空间感掌握得很好，对空间比例了然于心，那这种方式就很适合我们在空间设计中采纳，以涂鸦为切入点循序渐进地进入空间设计领域，不断打磨，最终设计出令人满意的作品。

2. 草图法

草图和涂鸦的区别很大。涂鸦类似孩童随手所画，在空间设计的过程中不需要具备比较专业的基础，而草图相比涂鸦更为严谨，它是设计者用一定专业的设计思维来进行创作的设计方式，也叫泡泡图设计法。利用泡泡图就能进行比较分析，此方法要求设计者必须掌握收缩的概念。首先根据所设计的空间的大小，依据空间性质进行收缩并概括，最终形成平面草图，这是一个从简单到复杂，从大到小，从粗糙到精细，再到对空间的反复审查比较，形成大致空间分割布局的过程。草图法是空间设计的最基本设计方法。

3. 模型法

绘制草图和涂鸦需要设计者具备一定的绘画基础和三维空间造型能力，设计者在绘图开始前已经在大脑中构成了三维空间模型。模型法的优点是搭建的模型形象直观，不需要再通过大脑转换一遍投射到二维的纸张上。通过制作模型的实际结构，我们可以拥有直观的空间体验。当然，空间设计的模型并不能在混乱中搭建。设计者必须具有三维透视和空间比例的概念。要学会根据一定比例构建场景形成空间，然后根据空间的性质进行整合并总结，最后形成设计方案。

"笔墨纸砚"主题广场景观设计（陈悦）

人类对空间的理解随着设计的进步而不断走向成熟,在实际的空间设计过程中,对感性和理性的理解也逐渐成熟,同时空间设计的方法也在不断增多。如果设计师在空间设计中缺少独特的创作思维而只专注于死板的设计方法,他们设计的空间就会失去灵魂。只有结合思维和方法,才能设计出独树一帜的作品。

下图是生态建筑师文森特·卡勒博(Vincent Callebaut)的设计作品,该建筑位于法国奥弗涅-罗纳-阿尔卑斯大区萨瓦省艾克斯莱班镇,2023年完成交付。该建筑作品充分体现了设计师的发散思维:首先,在外观上考虑了建筑与所在地山脉湖泊的和谐共存,采用了波浪、梯田等造型元素;其次,在功能性方面的设计概念是创建一个幸福中心,为居民提供多种功能,以促进放松和社交互动;最后,在修建过程中还考虑了将生物气候和可再生能源相结合,城市农业也被纳入设计方案中,波形绿色露台、屋顶和公共广场为居民提供了种植水果和蔬菜的空间,这样的设计体现了人与自然和谐共生的发展理念。

法国 ecume des ondes(波浪泡沫)商业综合体

第四节　创意思维与新媒体设计

一、新媒体设计的概念与功能

新媒体艺术是当代兴起的艺术领域,融合了艺术、设计、科技和传播等多个学科,构成了一个跨学科的设计实践领域。它侧重于利用当代数字技术进行创作,并以新媒体形式来呈现艺术作品。新媒体艺术包括多个分支领域,如数字艺术、动画艺术、影像艺术、虚拟现实艺术、交互设计、UI设计、增强现实艺术、装置艺术,等等。随着科技和创意的不断发展,新的艺术形式也不断涌现。这些分支领域在数字化时代为艺术家提供了更广泛的表现和实验空间,丰富了新媒体艺术的多样性和创造性。

与传统艺术相比,新媒体设计通常具有交互性,观众可以通过与艺术作品互动来参与并改变作品的表现方式。这种交互性使观众成为作品的一部分,增强了观众与艺术家之间的互动联系。新媒体艺术主要依赖数字技术和媒介,同时也可以融合多种其他媒介和技术,超越了传统艺术形式的限制,创造出全新的表现方式。

二、创意思维与新媒体设计的练习方法

在新媒体艺术中,创意思维需要采用以人为本的、应用多媒体和多材料的创新方法论。这种方法强调交互性,关注观众的需求和体验,解决问题,并创造有意义的数字化产品和媒体内容。创意思维的核心在于整个设计过程都保持开放、灵活和创造性的态度,将人的需求与技术的潜力相结合,以实现创新和满足观众的期望。创意思维可应用于新媒体设计的各个阶段,从概念化和规划到具体的设计和开发,帮助设计师创作更具影响力和创新性的数字作品。

teamLab是一个跨领域的国际性艺术团队,自2001年创立以来一直活跃在艺术、科学、技术等领域,该团队由艺术家、程序员、工程师、CG动画师、数学家和建筑师等不同领域的专家组成。他们的作品色彩鲜艳,主要运用投影、交互和计算机生成动画等技术和表现形式。

《Flowers Bombing》就是这样的交互艺术作品。这些花朵通过观赏者的描绘诞生、消亡。在花朵逐渐凋谢时,借由花瓣的轨迹,花朵本身也不断描绘出新的线条。当观众将手贴在墙上时,手边的花朵会比平时开得更茂密,用手抚摸花朵时,花瓣会慢慢凋谢。

《Flowers Bombing》(teamLab)

teamLab的作品一直在跨越科技、自然与艺术的界限,旨在挑战传统艺术。《群蝶的平衡石——年复一年》正是这一理念的杰出体现,将数字技术与自然之美融合得天衣无缝。此作品着重探讨了自然界与科技的交互关系。站在展示区内,观众将被引入一个充满视觉奇观的异境。该作品的灵感源自自然界中的平衡与变迁。虚拟岩石上无数翩翩起舞的蝴蝶构成了作品的核心元素,每只蝴蝶均以其独特的色彩和翅膀图案,呈现出如梦如幻的美妙景致。更令人惊叹的是,蝴蝶们并非静止不动,而是根据观众的互动情况持续变幻。当观众走近作品时,蝴蝶们或飞扬起舞,或在人周围盘旋,与人互动。这种互动使观众融入作品之中,使自己成为艺术创作的一部分。此作品不仅促使人们反思时间与空间的概念,更引发对于生态平衡与大自然奥秘的思考。

《群蝶的平衡石——年复一年》(teamLab)

数字艺术家Tamiko Thiel以其创新性、前卫性和深刻的主题而闻名。她的作品融合了虚拟现实、增强现实和计算机生成图形等技术,以独特的方式探索了科技、文化和环境之间的关系。Tamiko Thiel的作品常常着眼于当代社会的议题,其中包括环境变化、文化认同和科技对人类生活的影响。她的作品引发了观众对于这些重要议题的思考,并借助技术创新带来了深刻的视觉和感官体验。Tamiko Thiel的作品融合了艺术和技术,打破了传统艺术的界限,激发了观众的想象力和创造力。

Tamiko Thiel 的增强现实（AR）作品《What You Sow》展现了数字艺术的前卫性和互动性。这件作品将观众带入了一个与现实世界相互融合的虚拟景观中，为观众带来了前所未有的体验。《What You Sow》使用增强现实技术，通过智能设备（如智能手机或平板电脑）呈现出一个虚拟世界。观众使用设备扫描作品时，会看到虚拟元素与实际环境相融合，创造出一种全新的感官体验。这件作品的主题探讨了种子的象征意义以及它们在环境和社会中的传播。观众可以与虚拟的种子互动，观察它们如何在 AR 世界中扩散和生长，这引发了对于生命、文化和生态系统的深刻思考。

《What You Sow》（Tamiko Thiel）

Joshua Davis 是一位以生成艺术和数据可视化闻名的新媒体艺术家。他的作品通常融合了复杂的图形元素、色彩和动画效果，以及基于算法和数据的艺术生成，创造出独特而令人兴奋的视觉体验。他的作品融合了技术、创意和数学，以令人惊叹的方式呈现了数字艺术的力量。

《V01D》是 Davis 的一件数字艺术作品，代表了数字艺术的前卫性和实验性。该作品探讨了信息时代的主题，尤其关注了数字生活、虚拟世界和人类与科技的互动。这件作品的独特之处在于它是通过编程和算法生成的。Davis 使用自己开发的计算机程序来创造出图形和视觉效果，这些效果具有高度的抽象性和复杂性。观众会看到一系列光怪陆离的几何形状、线条和色彩，这些元素似乎不断变化和流动，为观众提供一种动态而充满生命力的视觉体验。

《V01D》(Joshua Davis)

第五节 创意思维与服装设计

一、服装设计的概念与功能

服装设计是指通过创造、制作和呈现各种类型的服装，来满足人们的穿着需求和审美欣赏的艺术创作过程。它包括了从初始概念到最终成品的整个设计、制作和营销的流程。

在服装设计中，设计师将考虑到时尚趋势、功能性、合适度、耐用性、面料选择、配色等多个方面因素。他们会运用创意和技巧来设计并制作出独特且能够迎合消费者喜好的服装。这涉及从面料选择、剪裁、缝制、质量控制到配饰设计等一系列流程。

服装设计具有很深的文化和历史背景，不仅反映着当代社会的审美观和价值观，还展示了不同国家和地区的传统风格和身份认同。服装设计也在经济发展中起到了重要作用，它不仅满足了人们的基本需求，还推动了相关产业的发展，并增加了就业机会。

服装作为一种特殊的艺术表现形式，不仅需要考虑审美，还必须综合考虑使用者的生理和心理需求，以满足他们的需求。服装设计必须考虑到服装的使用功能，如保暖、透气性、舒适度等。设计师需要根据服装的用途和场合来确定材料选择、剪裁和纽扣等元素，以确保服装具备良好的实用性。

二、创意思维与服装设计练习方法

服装设计中的创意思维的方法有很多,以下是一些常见的练习方式:

手绘设计:尝试将自己的创意转化为服装设计,使用彩色铅笔、水彩等媒介进行手绘,练习表达自己的想法和设计风格。

试衣纸娃娃:使用试衣纸娃娃(也称为时装娃娃)进行服装设计的平面构建训练。通过这种方法,学生可以更加清楚地了解服装剪裁和结构。

实物演练:制作简单的服装样品,并进行试穿和调整,以提升对实际服装制作过程和效果的理解。

参加设计比赛:参与各种服装设计比赛,挑战自己的创造力和设计能力。

走马观花式研究:通过研究不同的时装杂志、网站和设计师的作品,观察和分析不同款式、剪裁、面料和形态。

每当我们在欣赏一些服装秀时,都不禁感叹这些服装设计师天马行空的创意,虽然潮流变幻莫测,设计不断延伸与创新,但在品牌的调性中依旧保持着他们的个人风格与品位,今天我们就来了解以下这几位设计师和他们的品牌,欣赏他们在时装设计领域创作出的非凡作品。

YSL大胆地开创了中性风格,设计了第一件女性吸烟装。它颠覆了全世界对女性形象的认知,这种与娇弱贤惠女性形象完全相反的形象,迅速成为解放女性的利器。上宽下窄的套装造型,利落的肩线与剪裁,流行至今。

DIOR继承着法国高级女装的传统,始终保持高级华丽的设计路线,做工精细,尤其是切线少的裁剪原则,充分突出女性的腰、胸线,背部的自然特点,这也成为后世众多设计师的效仿典范。

中外经典服装设计作品①

中外经典服装设计作品②

不少品牌都因各种原因经历了起起落落和设计风格的变化,而 JIL SANDER 将"极简主义"贯穿了品牌上下,凭借永恒的优雅和简约的线条在业界屹立不倒。

Mary Quant 将女孩们的青春活力,展现在剪裁越来越短的裙装之上,被称为"迷你裙之母"。让想摆脱刻板印象枷锁的女孩们,能够穿上迷你裙和超短热裤,无拘无束地在街上跑跑跳跳。

CELINE 传奇始于 1945 年,Céline Vipiana 女士在 Malte 街上开了一家童鞋定制店,20 年后品牌发布了第一个高定服装系列"Couture Sportswear",完成了从配饰到服装一整个完整的精品王国建立。CELINE 在创始人的手中时,最标志性的设计就是经典双轮单座马车图案及凯旋门标识。

创意就是艺术家们的生活。如果缺乏创意,服装设计将不会有旺盛的生命力。如今,世界纺织业发展迅速,新型面料不断涌现,大众审美意识的力度日益增强,这些都给服装设计师提供了无穷的创意题材及实践舞台。设计师应当努力拓展自己的知识面,广泛接触各行业和领域,通过这种接触激发自己的想象力。将大量灵感和材料合成或分散运用,能够灵活地创作出作品,因为优秀的作品往往源于多种创造性思维的碰撞和交流。

本章小结

通过本章节的案例学习,学生可以以创意能力塑造为核心,以创意理论为引领,以任务实现为载体,将理论学习与实践操作相结合。同时解决"突破思维定式、拓展认知边界、快速生成创意思路"的问题,使学生在突破惯性思维桎梏的过程中获得创意的成就感。

课后实训

探讨创意思维在不同设计领域(如产品设计、视觉设计、空间设计、新媒体设计、服装设计)中的异同点。

参考文献

[1]   白仁飞.创意设计思维与方法[M].杭州：中国美术学院出版社，2019.
[2]   约翰·斯宾塞，AJ朱利安尼.如何用设计思维创意教学：风靡全球的创造力培养方法[M].王頔，董洪远，译.北京：中国青年出版社，2018.
[3]   吴学夫.设计思维训练：以艺术的方法解决设计创意问题[M].北京：中国传媒大学出版社，2005.
[4]   陈楠.设计思维与方法[M].北京：中国青年出版社，2021.
[5]   邹玉清.未来设计思维与方法：基于未来视角的设计方法研究[M].南京：江苏凤凰美术出版社，2022.
[6]   陈炬.数字设计思维与方法：隐性与显性转换设计方法研究及理论构建[M].南京：江苏凤凰美术出版社，2022.
[7]   朱上上.艺术设计思维与方法[M].长沙：湖南大学出版社，2005.
[8]   蒋里，福尔克·乌伯尼克尔.创新思维：斯坦福设计思维方法与工具[M].北京：人民邮电出版社，2022.
[9]   陈立勋.设计的张力：设计思维与方法[M].北京：中国建筑工业出版社，2012.
[10] 周杨小晓.艺术设计思维方法与创新研究[M].长春：吉林美术出版社，2019.08.
[11] 沃尔特·布伦纳，福克·尤伯尼克尔.创新设计思维：创造性解决复杂问题的方法与工具导向[M].北京：机械工业出版社，2018.
[12] 焦艳军，赵睿，朵雯娟.设计思维[M].成都：电子科技大学出版社，2020.
[13] 夏登江.创意设计思维与表达[M].北京：中国书籍出版社，2019.
[14] 石川俊佑.你好，设计：设计思维与创新实践[M].马悦，译.北京：机械工业出版社，2021.
[15] 李有生.视觉设计思维与造物[M].长春：吉林文史出版社，2017.
[16] 朱钟炎，丁毅.创意思维方法[M].北京:北京大学出版社，2021.
[17] 郑朝.图形叙事[M].杭州:中国美术学院出版社，2021.
[18] 李中扬,王欣.创意思维训练[M].北京:中国建筑工业出版社，2016.

教学支持说明

为了改善教学效果，提高教材的使用效率，满足高校授课教师的教学需求，本套教材备有与纸质教材配套的教学课件和拓展资源（案例库、习题库等）。

为保证本教学课件及相关教学资料仅为教材使用者所得，我们将向使用本套教材的高校授课教师赠送教学课件或者相关教学资料，烦请授课教师通过公众号等方式与我们联系，获取"电子资源申请表"文档并认真准确填写后发给我们，我们的联系方式如下：

地址：湖北省武汉市东湖新技术开发区华工科技园华工园六路

邮编：430223

扫码关注
柚书公众号

电子资源申请表

填表时间：_____年___月___日

1. 以下内容请教师按实际情况写，★为必填项。
2. 根据个人情况如实填写，相关内容可以酌情调整提交。

★姓名		★性别	□男 □女	出生年月		★职务	
						★职称	□教授 □副教授 □讲师 □助教

★学校		★院/系	
★教研室		★专业	
★办公电话		家庭电话		★移动电话	
★E-mail（请填写清晰）			★QQ号/微信号	
★联系地址		★邮编	

★现在主授课程情况	学生人数	教材所属出版社	教材满意度
课程一			□满意 □一般 □不满意
课程二			□满意 □一般 □不满意
课程三			□满意 □一般 □不满意
其他			□满意 □一般 □不满意

教材出版信息						
方向一		□准备写	□写作中	□已成稿	□已出版待修订	□有讲义
方向二		□准备写	□写作中	□已成稿	□已出版待修订	□有讲义
方向三		□准备写	□写作中	□已成稿	□已出版待修订	□有讲义

请教师认真填写表格下列内容，提供索取课件配套教材的相关信息，我社根据每位教师填表信息的完整性、授课情况与索取课件的相关性，以及教材使用的情况赠送教材的配套课件及相关教学资源。

ISBN（书号）	书名	作者	索取课件简要说明	学生人数（如选作教材）
			□教学 □参考	
			□教学 □参考	

★您对与课件配套的纸质教材的意见和建议，希望提供哪些配套教学资源：